はじめての人でもよく解る！
やさしく学べる 騒音・振動・悪臭規制の法律

村頭秀人
【著】

第一法規

はしがき

　本書は、公害の中でも現代社会で特に問題になることの多い「騒音」「低周波音」「振動」「悪臭」の４つに焦点を当てて、これらの公害に関する苦情を受けたり、苦情を処理したりする必要のある企業（具体的には、建設業、製造業、マンション管理業等）の担当者向けに、これらの公害に関する基本的な知識や、苦情を処理する上で役立つ知識を解説したものです。

　予備知識の全くない読者を想定していますので、「公害苦情処理を担当する立場になったが、何をどう勉強すればよいかわからず、五里霧中である」という方が本書をお読みになって、なんとかなりそうだ、という気持ちになっていただければ、この本の目的は達せられたことになります。

　もしも、現時点で特定の公害に関する苦情に対応しなければならないので、とりあえず最小限必要な知識を得たい、という方がおられましたら、次の章をお読みになることをお勧めします。
　　・「騒音」について必要な知識…第１章、第２章、第６章
　　・「低周波音」について必要な知識…第１章、第２章、第３章、第６章
　　・「振動」について必要な知識…第１章、第２章、第４章、第６章
　　・「悪臭」について必要な知識…第１章、第５章、第６章

2024 年 11 月

村頭　秀人
※本書の内容現在日は 2024 年 9 月 1 日現在です（原則）。

目　　次

はしがき

第1章　公害のいろいろ

1 「公害」の意義　2

(1) 辞書的意義　2

(2) 法律上の定義（環境基本法）　2

(3) 両者の相違点　2

(4) 環境基本法上の「公害」に該当するかどうかが問題になる場面　4

2 いろいろな公害　5

(1) 典型7公害　5

(2) 典型7公害以外の公害　10

3 感覚公害　15

(1) 「感覚公害」の意義　15

(2) 感覚公害の特徴（1）…苦情（あるいは紛争）の数の多さ　15

(3) 感覚公害の特徴（2）…軽微な公害（？）　15

(4) 感覚公害を問題にする意義　17

4 公害に関する統計（新型コロナ禍の影響）　18

(1) 公害に関する公的な統計　18

(2) 公害別の特徴　21

（3）件数の推移…新型コロナ禍の影響　22

【チェックリストで確認　第1章のポイント】　23

【コラム－今はなき公害】　24

第2章　騒音

1　音とは何か・音の性質の表し方　26

（1）音の意義・媒質による区別　26

（2）周波数（音の高さ）　27

（3）音圧・音圧レベル（音の大きさ）　28

2　騒音の意義と性質　30

（1）騒音の定義　30

（2）騒音の発生源　30

（3）騒音の大きさの表し方　31

（4）日常生活で接する音の騒音レベル　32

（5）時間率騒音レベル・等価騒音レベル　33

（6）FASTとSLOW（動特性または時間重み付け
特性）　34

（7）人に対する影響が生じないために望ましい騒音
のレベル　34

3　騒音の測定方法　35

（1）騒音計についての法律上の条件　35

（2）測定方法　36

4　騒音により生ずる被害　37

（1）直接的影響　37

（2）間接的影響　37

5　騒音の基準値・規制値　39

（1）環境基準と規制基準の性格　39

（2）環境基準　39

（3）規制基準　42

【チェックリストで確認　第2章のポイント】　47

【コラム－賃貸マンションの賃貸人の責任】　48

第3章　低周波音

1　低周波音とは何か　50

（1）低周波音・超低周波音・可聴域の低周波音　50

（2）低周波音の聞こえ方・感じられ方　50

（3）「低周波」か「低周波音」か　51

2　低周波音の発生源　52

3　低周波音による影響（被害）の内容　54

（1）低周波音による物的影響の内容　54

（2）低周波音による身体的影響の内容　54

（3）低周波音により身体的影響が生じる理由　54

4 低周波音についての目安の数値 56

（1）環境省の「低周波音問題対応の手引書」と
「参照値」 56

（2）消費者庁の報告書 60

（3）環境省の「低周波音問題対応の手引書」と
消費者庁の報告書についての注意点 61

（4）低周波音の測定 62

5 体感調査 63

（1）体感調査の重要性 63

（2）体感調査の結果、苦情者は低周波音を感知
していないことが判明した場合 64

【チェックリストで確認 第3章のポイント】 66

【コラム1－風力発電の風車の音】 67

【コラム2－水中の音による水中生物への影響】 68

第4章 振動

1 振動の意義と発生源 70

（1）はじめに…騒音と振動 70

（2）JISによる振動の定義 70

（3）日常用語による振動の説明 70

（4）振動の発生源 71

2 振動の性質の表し方 72

（1）周波数　72

　（2）振動の大きさの表し方の概略　72

　（3）振動の大きさの表し方　74

3　振動に関する知識　76

　（1）振動計の検定　76

　（2）振動と騒音の相違点　76

4　振動により生ずる被害　79

　（1）低周波音の影響と振動の影響とが混同される
　　　可能性　79

　（2）心理的影響　79

　（3）生理的影響　80

　（4）物的影響　81

5　振動規制法による振動の規制　82

　（1）規制対象となる振動　82

　（2）規制対象地域　82

　（3）規制の内容　82

【チェックリストで確認　第4章のポイント】　86

【コラム－振動と低周波音を見分ける方法】　87

第5章　悪臭

1　悪臭の意義　90

（1）悪臭防止法上の表現（「不快なにおい」）　90

（2）菓子製造工場のにおいが「悪臭」であるとした
　　裁判例　91

（3）環境省の見解　91

（4）まとめ　92

2　悪臭の発生源　94

3　悪臭の尺度と測定方法　95

（1）においの強さを表す尺度　95

（2）においの測定方法（規制方法）　96

4　悪臭防止法や条例による悪臭の規制　99

（1）規制対象　99

（2）2つの規制方法（物質濃度規制と臭気指数規制）
　　99

（3）物質濃度規制の内容　99

（4）臭気指数規制の内容　101

（5）条例による悪臭の規制　102

5　悪臭の測定方法の特徴　103

（1）専門業者・専門家による必要がある　103

（2）連続測定ができない　103

（3）風の影響が大きい　104

【チェックリストで確認　第5章のポイント】　105
【コラム－においセンサー】　106

第6章 苦情への対策

1 被害の主張に関する法律問題 108

(1) 被害者は何が主張できるか 108

(2) 受忍限度論 108

(3) 違法性段階説 112

(4) 差止請求の問題点…抽象的不作為請求 113

(5) 損害賠償請求の問題点 114

2 苦情者がとりうる公的手続 116

(1) 本案訴訟 116

(2) 仮処分 116

(3) 裁判所の調停 116

(4) 都道府県公害審査会等の調停 117

(5) 公害等調整委員会の責任裁定・原因裁定 118

(6) ADR（裁判外紛争解決手続）、特に弁護士会の
紛争解決センターの手続 119

3 苦情への事前の対策 121

(1) 法令の遵守 121

(2) 周辺住民への事前の説明 121

(3) 苦情への対応体制の確立 122

4 苦情を受けたら（公的手続を提起された場合も
含む） 123

(1) 基本的な方針 123

目　次

(2) 苦情の内容をよく検討し、反論すべきことは
　　反論する　123

(3) 苦情者の主張が正当である場合には、誠意を
　　もって対応する　124

(4) 苦情者から公的手続を起こされたら　125

5　加害者側からとりうる公的手続　127

【チェックリストで確認　第6章のポイント】　130

【コラムー判例・裁判例】　131

索引　133

第1章
公害のいろいろ

1 「公害」の意義

(1) 辞書的意義

　小学館の『〔精選版〕日本国語大辞典 第1巻』（2005年）で「公害」を引くと、「公共に及ぼす害。産業の発達、交通量の増加などに伴い、近隣の住民が精神的、肉体的および物質的にうける種々の被害、および自然環境の破壊。騒音、振動、煤煙（ばいえん）、粉塵（ふんじん）、悪臭、汚水廃液、地盤沈下、有毒ガス、放射性廃棄物などによる被害。…」とあります。これが一般的な「公害」という語の意義です。

(2) 法律上の定義（環境基本法）

　一方、法律上の「公害」の定義は、これとは少し異なります。

　「公害」を定義している法律は環境基本法で、その2条3項は、次のように定めています。

> 　この法律において「公害」とは、環境の保全上の支障のうち、事業活動その他の人の活動に伴って生ずる相当範囲にわたる大気の汚染、水質の汚濁（水質以外の水の状態又は水底の底質が悪化することを含む。第21条第1項第1号において同じ。）、土壌の汚染、騒音、振動、地盤の沈下（鉱物の掘採のための土地の掘削によるものを除く。以下同じ。）及び悪臭によって、人の健康又は生活環境（人の生活に密接な関係のある財産並びに人の生活に密接な関係のある動植物及びその生育環境を含む。以下同じ。）に係る被害が生ずることをいう。

(3) 両者の相違点

　『〔精選版〕日本国語大辞典』での「公害」の説明と、環境基本法上の「公害」の定義とを比べると、重要な違いは以下の2点です。

第1章　公害のいろいろ

①例示列挙か限定列挙か

　『〔精選版〕日本国語大辞典』では、騒音、振動等の具体的な公害を列挙した後に、「…などによる被害。」とあり、「など」という語が入っています。

　これに対して、環境基本法2条3項の表現は、「…及び悪臭によって、…」であり、「など」という語は入っていません。

　前者は、「『公害』は、列挙したものには限られない」という趣旨であり、後者は、「『公害』は、列挙したものに限られる」という趣旨です。前者のような列挙方法を「例示列挙」、後者のような列挙方法を「限定列挙」といいます。

　したがって、環境基本法2条3項の定義による「公害」は、そこに列挙された、大気汚染、水質汚濁、土壌汚染、騒音、振動、地盤沈下及び悪臭の7種類に限られます。これに対して、『〔精選版〕日本国語大辞典』の説明による「公害」には、この7種類以外のものも含まれます。現に、この辞典の説明には、放射性廃棄物という、明らかに上記7種類には含まれないものが挙げられています。

　このように、一般的な意義の「公害」と、法律上の定義による「公害」には違いがありますので、区別するために、法律上の「公害」である上記の7つを〔典型7公害〕と呼ぶことがあります。

②「相当範囲にわたる」

　もう1つの重要な相違点として、環境基本法上の「公害」の定義には「相当範囲にわたる…被害」という表現が入っているのに対して、『〔精選版〕日本国語大辞典』による「公害」の説明にはそのような表現がない、という点があります。もっとも、後者の説明の書き出しの「公共に及ぼす害」という表現に「相当範囲にわたる」という意味が含まれているという解釈も不可能ではありませんが、一義的にそのように解釈されるとまではいえないでしょう。

　このように、環境基本法上の「公害」は、相当範囲にわたる被害でなければならないとされていることから、文理解釈（条文の文言に忠実な解釈）と

3

しては、「公害」に該当するためには、ある程度以上の人数に被害が発生している必要があり、被害が1人あるいは1家族だけに発生しているような場合には「公害」には該当しない、ということになります。

(4) 環境基本法上の「公害」に該当するかどうかが問題になる場面

　環境基本法上の「公害」に該当するかどうかが問題になるのは、第6章で述べる公害紛争処理法上の制度（公害等調整委員会の責任裁定・原因裁定や、都道府県公害審査会等の調停等）が利用される場面です。公害紛争処理法には、同法が扱うのは「公害に係る紛争」であること（同法1条）及び「公害」とは環境基本法2条3項に規定する公害であること（公害紛争処理法2条）が明記されているため、環境基本法上の「公害」すなわち典型7公害に該当しなければ、公害紛争処理法上の制度は利用できないということになります。

　これに対して、裁判所の民事裁判や調停等の対象は「公害に係る紛争」に限定されませんので、裁判所に持ち込まれた紛争が「公害に係る紛争」であるかどうかが問題になることはありません。

4

第1章 公害のいろいろ

2 いろいろな公害

(1) 典型7公害

1で述べたとおり、法律上の「公害」は7種類（典型7公害）に限定されています（環境基本法2条3項）。まず、典型7公害について、同条項に列挙された順序で、簡単に見ていきます。

①大気汚染

大気汚染を規制するのは大気汚染防止法です。同法1条は、同法の目的について、次のように定めています。

・大気汚染防止法1条（目的）

この法律は、工場及び事業場における事業活動並びに建築物等の解体等に伴うばい煙、揮発性有機化合物及び粉じんの排出等を規制し、水銀に関する水俣条約（以下「条約」という。）の的確かつ円滑な実施を確保するため工場及び事業場における事業活動に伴う水銀等の排出を規制し、有害大気汚染物質対策の実施を推進し、並びに自動車排出ガスに係る許容限度を定めること等により、大気の汚染に関し、国民の健康を保護するとともに生活環境を保全し、並びに大気の汚染に関して人の健康に係る被害が生じた場合における事業者の損害賠償の責任について定めることにより、被害者の保護を図ることを目的とする。

大気汚染防止法の内容は、この条文に凝縮されています。そのことは、同法の目次を見ればわかります。以下のとおりです。

・目次

| 第1章 | 総則 |
| 第2章 | ばい煙の排出の規制等 |

5

第２章の２　揮発性有機化合物の排出の規制等

第２章の３　粉じんに関する規制

第２章の４　水銀等の排出の規制等

第２章の５　有害大気汚染物質対策の推進

第３章　　　自動車排出ガスに係る許容限度等

第４章　　　大気の汚染の状況の監視等

第４章の２　損害賠償

第５章　　　雑則

第６章　　　罰則

附則

　このように、大気汚染防止法の各章の項目は、おおむね同法１条に対応しています。

　第４章の２の「損害賠償」に関して重要なことは、無過失損害賠償責任の規定があるということです。すなわち、事業者が工場・事業場における事業活動に伴う「健康被害物質」（ばい煙、政令で定められた特定物質または粉じん）によって人の生命または身体を害した場合には、その事業者は、過失の有無を問わず、損害賠償責任を負います（大気汚染防止法25条）。

　これは、民法の不法行為責任の大原則である過失責任主義（人が不法行為責任を負うのは、その人に故意・過失がある場合に限るという法理）に対する例外です。

②水質汚濁

　水質汚濁を規制する法律は水質汚濁防止法です。大気汚染防止法と同様に、水質汚濁防止法についても、同法１条の規定と目次を掲げます。

　・水質汚濁防止法１条（目的）

　　この法律は、工場及び事業場から公共用水域に排出される水の排出及び地下に浸透する水の浸透を規制するとともに、生活排水対策の実施を

第1章　公害のいろいろ

推進すること等によつて、公共用水域及び地下水の水質の汚濁（水質以外の水の状態が悪化することを含む。以下同じ。）の防止を図り、もつて国民の健康を保護するとともに生活環境を保全し、並びに工場及び事業場から排出される汚水及び廃液に関して人の健康に係る被害が生じた場合における事業者の損害賠償の責任について定めることにより、被害者の保護を図ることを目的とする。

・目次

第1章　　　総則

第2章　　　排出水の排出の規制等

第2章の2　生活排水対策の推進

第3章　　　水質の汚濁の状況の監視等

第4章　　　損害賠償

第5章　　　雑則

第6章　　　罰則

附則

　水質汚濁防止法にも、大気汚染防止法と同様に無過失損害賠償責任の規定があります（水質汚濁防止法19条）。

③土壌汚染

　土壌汚染を規制する法律は土壌汚染対策法です。

　この法律についても、1条の規定と目次を掲げます。

　・土壌汚染対策法1条（目的）

　この法律は、土壌の特定有害物質による汚染の状況の把握に関する措置及びその汚染による人の健康に係る被害の防止に関する措置を定めること等により、土壌汚染対策の実施を図り、もって国民の健康を保護す

7

ることを目的とする。

・目次
　第1章　総則
　第2章　土壌汚染状況調査
　第3章　区域の指定等
　第4章　汚染土壌の搬出等に関する規制
　第5章　指定調査機関
　第6章　指定支援法人
　第7章　雑則
　第8章　罰則
　附則

　大気汚染防止法や水質汚濁防止法とは異なり、土壌汚染対策法には無過失損害賠償責任の規定はありません。

④騒音
　騒音を規制する法律は騒音規制法です。騒音及び騒音規制法については、第2章で詳しく述べます。
　また、騒音と同じく「音」の問題である低周波音については、第3章で述べます。

⑤振動
　振動を規制する法律は振動規制法です。振動及び振動規制法については、第4章で詳しく述べます。

⑥地盤沈下
　地盤沈下については、「自然的・人為的な要因により、地表面が広い範囲

第 1 章　公害のいろいろ

にわたって徐々に沈んでいく現象。自然的要因とは地震による地殻変動など
を指すが、環境保全上問題となるのは、地下水の大量揚水や鉱物資源の採取
などによる人為的要因による地盤沈下である。また、トンネル工事や農地排
水など、土木開発や農地開発が原因となることもある。」と説明されていま
す[1]。

　典型 7 公害の中で地盤沈下だけは、包括的な法律（「地盤沈下」という用
語を含む法律）がありません。その代わりに、地盤沈下防止を目的とする法
律として、次の 2 つがあります。以下の説明は環境省によるものです[2]。

a. 工業用水法
　地下水の採取により地盤沈下等が発生し、かつ工業用水としての地下水利
用量が多く、地下水の合理的な利用を確保する必要がある地域（工業用水道
の整備前提）において、政令で地域指定し、その地域の一定規模以上の工業
用井戸について許可基準（ストレーナー位置、吐出口の断面積）を定めて許
可制にすることにより地盤沈下の防止等を図っている。現在までに宮城県、
福島県、埼玉県、千葉県、東京都、神奈川県、愛知、三重県、大阪府、兵
庫県の 10 都府県 17 地域において地域指定されている。

b. 建築物用地下水の採取の規制に関する法律
　地下水の採取により地盤が沈下し、それに伴い高潮、出水等による災害が
発生するおそれがある地域について政令で地域指定し、その地域の一定規模
以上の建築物用井戸について許可基準（ストレーナー位置、吐出口の断面積）
を定めて許可制とすることにより地盤沈下の防止を図っている。現在までに
大阪府、東京都、埼玉県、千葉県の 4 都府県 4 地域において地域指定され
ている。

1　一般財団法人環境イノベーション情報機構ウェブサイト「環境用語集」
　　https://www.eic.or.jp/ecoterm/?act=view&serial=1173
2　環境省ウェブサイト「令和 4 年度全国の地盤沈下地域の概況」11 頁
　　https://www.env.go.jp/content/000214329.pdf

⑦悪臭

悪臭を規制する法律は悪臭防止法です。悪臭及び悪臭防止法については、第5章で詳しく述べます。

(2) 典型7公害以外の公害

続いて、典型7公害以外の公害を紹介します。その手がかりとして、先に引用した『〔精選版〕日本国語大辞典』による「公害」の説明文を利用します。

前述したとおり、この説明文に述べられている公害は、「騒音、振動、煤煙、粉塵、悪臭、汚水廃液、地盤沈下、有毒ガス、放射性廃棄物」です。

これらのうち、騒音、振動、悪臭、地盤沈下の4つは、典型7公害として列挙された公害そのものです。

また、「汚水廃液」は水質汚濁、「有毒ガス」は大気汚染にそれぞれ該当します。

「ばい煙」とは、物の燃焼等に伴い発生するいおう酸化物、ばいじん（いわゆるスス）、有害物質（1）カドミウム及びその化合物、2）塩素及び塩化水素、3）弗素、弗化水素及び弗化珪素、4）鉛及びその化合物、5）窒素酸化物）をいい、大気汚染防止法の規制対象です（環境省ウェブサイトより[3]）。

「粉じん」は、物の破砕やたい積等により発生し、または飛散する物質をいい、大気汚染防止法では、人の健康に被害を生じるおそれのある物質を「特定粉じん」（現在、アスベスト（石綿）を指定）、それ以外の粉じんを「一般粉じん」として定めています（環境省ウェブサイトより[4]）。したがって、これも大気汚染防止法の規制対象です。

そうすると、典型7公害の中で、『〔精選版〕日本国語大辞典』による「

---

3 環境省ウェブサイト「ばい煙の排出規制」
   https://www.env.go.jp/air/osen/law/t-kise-7.html
4 環境省ウェブサイト「粉じんの排出規制」
   https://www.env.go.jp/air/osen/law/t-kise-4.html

第 1 章　公害のいろいろ

公害」の説明文に述べられているのは、騒音、振動、悪臭、水質汚濁、地盤
沈下、大気汚染の 6 つであり、残る土壌汚染は含まれていないということ
になります。

　他方、『〔精選版〕日本国語大辞典』による「公害」の説明文に述べられて
いるもののうち、放射性廃棄物は、典型 7 公害には該当しないと考えられ
ます。

　以下、放射性廃棄物及びその他の典型 7 公害でない公害について、簡単
に述べます。

①放射性廃棄物

　放射性廃棄物は、原子力発電所の運転等に伴い発生する放射能レベルの低
い「低レベル放射性廃棄物」と、使用済み燃料の再処理に伴い再利用できな
いものとして残る、放射能レベルの高い「高レベル放射性廃棄物」とに大別
されます。

　なお、放射性廃棄物でない廃棄物を「非放射性廃棄物」といい、これには、
一般廃棄物（家庭系ごみ、事業系ごみ、し尿、特別管理一般廃棄物）と産業
廃棄物（事業活動に伴って生じた廃棄物のうち法令で定められた 20 種類（燃
えがら、汚泥、廃油、金属くず、ガラスくず、コンクリートくず等）と特別
管理産業廃棄物）があります（以上、電気事業連合会ウェブサイトより[5]）。

②日照

　主として一戸建ての住居について、近隣に高層マンションや大規模商業施
設等の高層建築物が建築されたことによって日当たりが悪くなった場合に、
日照権の侵害が問題となります。建築基準法において、日照を確保するため
に斜線制限や日影規制が定められています。

5　電気事業連合会ウェブサイト「放射性廃棄物の種類」
　　https://www.fepc.or.jp/nuclear/haikibutsu/about/index.html

③景観

環境省は、景観について、「景観は、周りを眺め、感じた様子を指します。景観は、単に『どのような眺めか』だけではなく、『人がどのように感じるか』を含めた概念です。」と説明しています[6]。

次に述べる「眺望」が、ある１カ所からの眺めであるのに対して、景観は１カ所からの眺めではなく、ある地域全体の眺めを指します。

自然の景観や歴史的・文化的景観を享受する権利として「景観権」が主張されますが、裁判所は、東京都国立市における景観訴訟（高層マンションによる景観阻害が問題となりました）において、（景観権ではなく）「景観利益」を法律上の保護に値する利益として認めました。

また、2004 年には「景観法」が制定されました。

④眺望

それまで享受できていたよい眺望が、高層マンション等の建築物によって遮られた場合に、眺望の利益が侵害されたとして紛争になることがあります。眺望利益の侵害について損害賠償責任を認めた裁判例もあります。

⑤電磁波

携帯電話基地について、電磁波によって身体に悪影響を受けたとして提起された訴訟がこれまで数件ありますが、本書執筆時点で被害者の主張が認められた例はないようです。

⑥アスベスト（石綿）

アスベストは、かつて保温断熱の目的で広く建物に使用されていましたが、人が吸入するとじん肺、肺がん、中皮腫等の深刻な病気にかかるおそれがあることがわかり、現在では使用・製造が禁止されています。

アスベストが建物内にとどまっている限りは被害のおそれは少なく、空中

---

6 環境省ウェブサイト「良好な景観づくりの手引き 景観づくりで地域の魅力をアップ！」１頁
https://www.env.go.jp/park/content/000102044.pdf

第 1 章　公害のいろいろ

に浮遊するアスベストを人が吸い込んだ場合に危険があるとされます。また、アスベストへのばく露から発症までの潜伏期間が長いこと（15 年以上）が特徴です（以上、厚生労働省のウェブサイトより[7]）。

⑦化学物質過敏症

　化学物質に過敏に反応する症状のことを化学物質過敏症（あるいはシックハウス症候群）といいます。

　建物の内装材などから放散するごく微量の化学物質を吸い込むと、頭痛、めまい、胸の痛み、呼吸困難、のどの痛み・腫れ、口・鼻の奥の痛み、口が苦い、目への刺激、腰痛、足の痛み、身体のかゆみ、手足硬直、けいれん、脱力感、全身疲労感、視界が暗くなる、集中力の低下、思考力低下など、いろいろな症状が出ます[8]。

　シックハウス対策として、建築基準法により、クロルピリホス及びホルムアルデヒドの 2 物質を対象とする規制が行われています。

⑧光害（ひかりがい、こうがい）

　照明器具（商業施設や看板の照明、街路灯等）から出る光が、目的外の方向に漏れたり、周辺環境にそぐわない明るさや色であったり、必要のない時間帯にまでつきっぱなしであったりすることによって起こる被害を「光害」といいます。

　光害の内容としては、居住者への影響（安眠妨害、プライバシー等）、野生動物への影響、交通への影響（まぶしさによって交通事故の原因となる）、研究・教育活動への影響（天文観察がしづらい）、植物への影響（植物の生長に悪影響がある）、エネルギーの無駄使い等が挙げられています（以上、環境省ウェブサイトより[9]）。

7　厚生労働省ウェブサイト「アスベスト（石綿）に関するＱ＆Ａ」
　　https://www.mhlw.go.jp/stf/seisakunitsuite/bunya/koyou_roudou/roudoukiju
　　n/sekimen/topics/tp050729-1.html
8　柳沢幸雄他『化学物質過敏症』（2002 年）文春新書、4 頁

13

⑨香害（かおりがい、こうがい）

　柔軟剤（または柔軟仕上げ剤）等の香りで頭痛や吐き気がするという被害の訴えが消費生活センター等に寄せられており、2021年には、厚生労働省、消費者庁、文部科学省、経済産業省及び環境省の連名で、「その香り　困っている人がいるかも？」（2021年当時）という啓発ポスターが作成されました[10]。

　香害の原因としては、柔軟剤の他、芳香剤、お香、料理等も考えられます。

　ただ、第5章で述べるとおり（90頁以下）、「悪臭」は必ずしも「不快なにおい」には限定されないと解されますので、香害は悪臭による被害に含まれるという解釈が可能であると思われます。

9　環境省ウェブサイト「ひと・まち・地球にやさしい「光」。」
　　https://www.env.go.jp/content/900400107.pdf
10　厚生労働省ウェブサイト「令和5年度全国薬務関係主管課長会議　説明資料」18頁
　　https://www.mhlw.go.jp/content/11121000/5-1.pdf

第 1 章　公害のいろいろ

3　感覚公害

(1)「感覚公害」の意義

　「感覚公害」という言葉があります。これは法律上の用語ではありませんので、法律上の定義はありません。

　このため、感覚公害の定義あるいは意義は文献によってまちまちですが、筆者は「人の感覚によって感知される公害」と定義するのが適切だと考えています。

　感覚公害に該当する公害は、典型7公害に該当するものもありますし、そうでないものもあります。典型7公害の中で感覚公害に該当するのは、騒音、振動、悪臭の3つです。また、2で述べた典型7公害でない公害の中で、感覚公害に該当するのは、日照、景観、眺望、化学物質過敏症、光害、香害です。

(2) 感覚公害の特徴 (1) …苦情 (あるいは紛争) の数の多さ

　感覚公害の第1の特徴は、感覚公害でない公害に比べて、苦情 (あるいは紛争) が非常に多いということです。このことについては、本章の4の公害に関する統計のところで述べます。

　感覚公害は「人の感覚によって感知される公害」ですので、そうでない公害に比べて発覚しやすいのは当然であるともいえます (感覚公害でない公害は、人の通常の感覚では感知されない物質や現象について、何らかのきっかけで調査・測定等がなされて初めて発覚することになります)。

(3) 感覚公害の特徴 (2) …軽微な公害 (？)

　感覚公害の第2の特徴として、しばしば、「人の感覚に影響する公害であって、人の健康に直接的被害を及ぼすものではない」というニュアンスの説明がなされます。

15

たとえば、神奈川県ウェブサイトには、「悪臭は、騒音や振動とともに感覚公害と呼ばれる公害の一種であり、環境基本法第2条で定める『公害』のひとつです。悪臭による公害は、その不快なにおいにより生活環境を損ない、主に感覚的・心理的な被害を与えるものです。」とあります[11]。

　また、神奈川県高座郡寒川町ウェブサイトには、「騒音、振動、悪臭は他の公害とは異なり、直接的な健康被害というよりは人の快・不快に関わるものということで『感覚公害』とされます。」とあります[12]。

　これらの表現によれば、「感覚公害は人に不快感を与えるだけで、人の健康に被害を及ぼすものではないので、それほど深刻に考える必要はない軽微な公害である」といった理解をされる可能性があります。しかし、それは誤りです。

　たとえば、第5章で述べる悪臭について、悪臭防止法が規制対象としている22種類の悪臭物質（「特定悪臭物質」と呼ばれます）は、人がそれにさらされていると、深刻な身体的被害（あるいは健康被害）が生じます。

　また、第2章で述べる騒音については、専門家の研究によれば、特に夜間の騒音によって睡眠が妨害される場合には、人の健康に対してきわめて深刻な被害が発生することがわかっています。

　感覚公害とは人の感覚でとらえられる公害なので、その公害が発生したとき（人がその公害を感知し始めたとき）には、単なる感覚（あるいは不快感）の問題に過ぎないのは当然です。しかし、人がその公害に長期間さらされれば、深刻な身体的被害（あるいは健康被害）が生じることがあります。この点はしっかり理解しておく必要があります。

11　神奈川県ウェブサイト「悪臭問題の解決に向けて」
　　https://www.pref.kanagawa.jp/docs/pf7/akusyu/index.html
12　寒川町ウェブサイト「騒音・振動・悪臭について」
　　https://www.town.samukawa.kanagawa.jp/soshiki/kankyokeizai/kankyo/
　　kankyohozen/info/kankyou_kogai/kougai/1361414268034.html

第1章　公害のいろいろ

（4）感覚公害を問題にする意義

　本章の1（4）で述べたとおり、ある紛争の対象が環境基本法上の「公害」すなわち典型7公害に該当するかどうかによって、公害紛争処理法上の制度（公害等調整委員会の責任裁定・原因裁定や、都道府県公害審査会等の調停等）の対象となるかどうかが決まりますので、典型7公害の意義は重要です。

　これに対して、ある紛争の対象が「感覚公害」に該当するか否かによって、何らかの制度が利用できるか否かが異なるとか、あるいはその他の理由で法律上の取扱いが異なるとかいったことはありません。

　したがって、法律上は、ある公害が「感覚公害」に該当するか否かを問題にする意義はありません。

17

4 公害に関する統計（新型コロナ禍の影響）

（1）公害に関する公的な統計

　公害に関する公的な統計として、「政府統計の総合窓口」[13] があります。

　このサイトのトップページから、「統計データを探す」の「分野」→「司法・安全・環境」→「公害苦情調査」→「令和4年度公害苦情調査」の「41件2023－12－15」→「41件」→「公害苦情受付件数の推移（公害の種類別）」の「EXCEL」とたどると、全国の公害苦情受付件数の推移の表があります（なお、毎年12月に最新の年度の統計が追加されます。たとえば、2024年12月に2023年度の統計が追加されます）。

　2022年度までの統計は次のとおりです。

13　政府統計の総合窓口（e-Stat）ウェブサイト
　　https://www.e-stat.go.jp

図表1-1　公害苦情受付件数の推移（件数）

| 年度 | | 合計 | 典型7公害 | | | | | | | | | 典型7公害以外 |
| | | | 計 | 大気汚染 | 水質汚濁 | 土壌汚染 | 騒音 | 低周波音 | 振動 | 地盤沈下 | 悪臭 | |
		件	件	件	件	件	件	件	件	件	件	件
昭47	1972	87764	79727	15096	14197	408	・・・		・・・	・・・	74	21576	8037
48	1973	86777	78825	14234	15726	466	・・・		・・・	・・・	93	19674	7952
49	1974	79015	68538	12145	14496	478	・・・		・・・	・・・	84	17140	10477
50	1975	76531	67315	11873	13453	593	・・・		・・・	・・・	68	17516	9216
51	1976	70033	62374	11119	11714	440	・・・		・・・	・・・	65	15123	7659
52	1977	69729	61762	10697	10509	292	20722		・・・	3493	62	15987	7967
53	1978	69730	60953	10534	9736	216	21305		・・・	3478	74	15610	8777
54	1979	69421	59257	10819	8725	185	21667		・・・	3211	59	14591	10164
55	1980	64690	54809	9282	8269	230	21063		・・・	3031	34	12900	9881
56	1981	64883	54445	9225	8132	206	21095		・・・	2711	47	13029	10438
57	1982	63559	53215	9015	7683	170	21154		・・・	2500	34	12659	10344
58	1983	63976	52638	8995	7661	162	20966		・・・	2476	36	12342	11338
59	1984	67754	54687	9403	7999	206	21536		・・・	2506	39	12998	13067
60	1985	64550	51413	9036	7617	222	19364		・・・	2582	39	12553	13137
61	1986	65467	50129	8851	7324	165	19077		・・・	2435	28	12249	15338
62	1987	69313	51665	9430	7114	150	20083		・・・	2556	32	12300	17648
63	1988	72565	51223	8978	7551	175	20080		・・・	2666	41	11732	21342
平元	1989	72159	49036	9036	7513	175	18495		・・・	2331	47	11439	23123
2	1990	74294	49359	9496	7739	233	18287		・・・	2144	37	11423	24935
3	1991	76713	46650	9489	7753	208	16830		・・・	1827	37	10506	30063
4	1992	76186	44976	9108	8099	204	15315		・・・	1808	33	10409	31210
5	1993	79317	43175	8837	7570	215	14779		・・・	1774	22	9978	36142
6	1994	66556	45642	10319	7279	183	15016		・・・	1776	34	11035	20914
7	1995	61364	42701	10013	6763	213	13492		・・・	2060	29	10131	18663
8	1996	62315	45378	10961	7168	229	14281		・・・	1877	23	10839	16937
9	1997	70975	53625	19668	6990	201	13010		・・・	1590	25	12141	17350
10	1998	82138	64928	30499	7019	312	12437		・・・	1448	32	13181	17210
11	1999	76080	58915	26181	7038	299	12089		・・・	1547	39	11722	17165
12	2000	83881	63782	26013	8272	308	13505		・・・	1640	31	14013	20099
13	2001	94767	67632	28456	8983	295	14114		・・・	1758	22	14004	27135
14	2002	96613	66727	27429	8863	271	14834		・・・	1722	19	13589	29886
15	2003	100323	67197	26793	9273	342	15295		・・・	1797	28	13669	33126
16	2004	94321	65535	24741	8909	268	15689	140	1916	28	13984	28786
17	2005	95655	66992	25658	9595	281	15767	151	2100	40	13551	28663
18	2006	97713	67415	24825	9825	271	16692	162	2081	24	13697	30298
19	2007	91770	64529	23628	9383	281	15913	144	2000	34	13290	27241
20	2008	86236	59703	20749	9023	253	15211	190	1699	28	12740	26533
21	2009	81632	56665	19324	8171	251	14749	183	1455	30	12685	24967
22	2010	80095	54845	17612	7574	222	15678	197	1675	23	12061	25250
23	2011	80051	54453	17444	7477	252	15862	189	1902	22	11494	25598
24	2012	80000	54377	16907	7129	229	16714	186	1858	21	11519	25623
25	2013	76958	53039	16616	7216	202	16611	185	1914	16	10464	23919
26	2014	74785	51912	15879	6839	174	17202	182	1830	26	9962	22873
27	2015	72461	50677	15625	6729	167	16574	227	1663	22	9897	21784
28	2016	70047	48840	14710	6442	167	16016	234	1866	19	9620	21207
29	2017	68115	47437	14450	6161	166	15743	191	1831	23	9063	20678
30	2018	66803	47656	14481	5841	168	15665	216	1931	27	9543	19147
令元	2019	70458	46555	14317	5505	186	15434	249	1743	21	9349	23903
2	2020	81557	56123	17099	5631	194	19769	313	2174	20	11236	25434
3	2021	73739	51395	14384	5353	192	18755	294	2301	23	10387	22344
4	2022	71590	50723	13694	4893	200	19391	287	2411	16	10118	20867

出典：「政府統計の総合窓口（e-Stat）」の統計データを参考に筆者作成。

図表1-2　公害苦情受付件数の推移（構成比）

年度		合計	典型7公害				騒音	低周波音	振動	地盤沈下	悪臭	典型7公害以外
			計	大気汚染	水質汚濁	土壌汚染	騒音	低周波音	振動	地盤沈下	悪臭	
年度		件	件	件	件	件	件	件	件	件	件	件
昭47	1972	100.0	90.8	17.2	16.2	0.5	・・・	・・・	・・・	0.1	24.6	9.2
48	1973	100.0	90.8	16.4	18.1	0.5	・・・	・・・	・・・	0.1	22.7	9.2
49	1974	100.0	86.7	15.4	18.3	0.6	・・・	・・・	・・・	0.1	21.7	13.3
50	1975	100.0	88.0	15.5	17.6	0.8	・・・	・・・	・・・	0.1	22.9	12.0
51	1976	100.0	89.1	15.9	16.7	0.6	・・・	・・・	・・・	0.1	21.6	10.9
52	1977	100.0	88.6	15.3	15.1	0.4	29.7	・・・	5.0	0.1	22.9	11.4
53	1978	100.0	87.4	15.1	14.0	0.3	30.6	・・・	5.0	0.1	22.4	12.6
54	1979	100.0	85.4	15.6	12.6	0.3	31.2	・・・	4.6	0.1	21.0	14.6
55	1980	100.0	84.7	14.3	12.8	0.4	32.6	・・・	4.7	0.1	19.9	15.3
56	1981	100.0	83.9	14.2	12.5	0.3	32.5	・・・	4.2	0.1	20.1	16.1
57	1982	100.0	83.7	14.2	12.1	0.3	33.3	・・・	3.9	0.1	19.9	16.3
58	1983	100.0	82.3	14.1	12.0	0.3	32.8	・・・	3.9	0.1	19.3	17.7
59	1984	100.0	80.7	13.9	11.8	0.3	31.8	・・・	3.7	0.1	19.2	19.3
60	1985	100.0	79.6	14.0	11.8	0.3	30.0	・・・	4.0	0.1	19.4	20.4
61	1986	100.0	76.6	13.5	11.2	0.3	29.1	・・・	3.7	0.0	18.7	23.4
62	1987	100.0	74.5	13.6	10.3	0.2	29.0	・・・	3.7	0.0	17.7	25.5
63	1988	100.0	70.6	12.4	10.4	0.2	27.7	・・・	3.7	0.1	16.2	29.4
平元	1989	100.0	68.0	12.5	10.4	0.2	25.6	・・・	3.8	0.1	15.9	32.0
2	1990	100.0	66.4	12.8	10.4	0.3	24.6	・・・	2.9	0.0	15.4	33.6
3	1991	100.0	60.8	12.4	10.1	0.3	21.9	・・・	2.4	0.0	13.7	39.2
4	1992	100.0	59.0	12.0	10.6	0.3	20.1	・・・	2.4	0.0	13.7	41.0
5	1993	100.0	54.4	11.1	9.5	0.3	18.6	・・・	2.2	0.0	12.6	45.6
6	1994	100.0	68.6	15.5	10.9	0.3	22.6	・・・	2.7	0.1	16.6	31.4
7	1995	100.0	69.6	16.3	11.0	0.3	22.0	・・・	3.4	0.0	16.5	30.4
8	1996	100.0	72.8	17.6	11.5	0.3	22.9	・・・	3.0	0.0	17.4	27.2
9	1997	100.0	75.6	27.7	9.8	0.3	18.3	・・・	2.2	0.0	17.1	24.4
10	1998	100.0	79.0	37.1	8.5	0.4	15.1	・・・	1.8	0.0	16.0	21.0
11	1999	100.0	77.4	34.4	9.3	0.4	15.9	・・・	2.0	0.1	15.4	22.6
12	2000	100.0	76.0	31.0	9.9	0.4	16.1	・・・	2.0	0.0	16.7	24.0
13	2001	100.0	71.4	30.0	9.5	0.3	14.9	・・・	1.9	0.0	14.8	28.6
14	2002	100.0	69.1	28.4	9.2	0.3	15.4	・・・	1.8	0.0	14.1	30.9
15	2003	100.0	67.0	26.7	9.2	0.3	15.2	・・・	1.8	0.0	13.6	33.0
16	2004	100.0	69.5	26.2	9.4	0.3	16.6	0.1	2.0	0.0	14.8	30.5
17	2005	100.0	70.0	26.8	10.0	0.3	16.5	0.2	2.2	0.0	14.2	30.0
18	2006	100.0	69.0	25.4	10.1	0.3	17.1	0.2	2.1	0.0	14.0	31.0
19	2007	100.0	70.3	25.7	10.2	0.3	17.3	0.2	2.2	0.0	14.5	29.7
20	2008	100.0	69.2	24.1	10.5	0.3	17.6	0.2	2.0	0.0	14.8	30.8
21	2009	100.0	69.4	23.7	10.0	0.3	18.1	0.2	1.8	0.0	15.5	30.6
22	2010	100.0	68.5	22.0	9.5	0.3	19.6	0.2	2.1	0.0	15.1	31.5
23	2011	100.0	68.0	21.8	9.3	0.3	19.8	0.2	2.4	0.0	14.4	32.0
24	2012	100.0	68.0	21.1	8.9	0.3	20.9	0.2	2.3	0.0	14.4	32.0
25	2013	100.0	68.9	21.6	9.4	0.3	21.6	0.2	2.5	0.0	13.6	31.1
26	2014	100.0	69.4	21.2	9.1	0.2	23.0	0.2	2.4	0.0	13.3	30.6
27	2015	100.0	69.9	21.6	9.3	0.2	22.9	0.3	2.3	0.0	13.7	30.1
28	2016	100.0	69.7	21.7	9.2	0.2	22.9	0.3	2.7	0.0	13.7	30.3
29	2017	100.0	69.6	21.2	9.0	0.2	23.1	0.3	2.7	0.0	13.3	30.4
30	2018	100.0	71.3	21.7	8.7	0.3	23.4	0.3	2.9	0.0	14.3	28.7
令元	2019	100.0	66.1	20.3	7.8	0.3	21.9	0.4	2.5	0.0	13.3	33.9
2	2020	100.0	68.8	21.0	6.9	0.2	24.2	0.4	2.7	0.0	13.8	31.2
3	2021	100.0	69.7	21.7	7.3	0.3	25.4	0.4	3.1	0.0	14.1	30.3
4	2022	100.0	70.9	19.1	6.8	0.3	27.1	0.4	3.4	0.0	14.1	29.1

出典：「政府統計の総合窓口（e-Stat）」の統計データを参考に筆者作成。

第 1 章　公害のいろいろ

（2）公害別の特徴

　図表 1-2 の構成比の表から見てみます。最新の 2022 年度では、典型 7 公害以外の公害は 29.1％と、約 3 割を占めています。

　典型 7 公害の構成比を見ますと、騒音と低周波音が合計 27.5％（以下すべて、典型 7 公害でない公害も含めた全体の中での比率です）で、これが一番多いです。次は大気汚染で 19.1％、3 番目が悪臭で 14.1％です。この 3 つを合わせると公害全体の約 6 割を占めています。

　他方、水質汚濁と振動はともに 1 桁の数字で、土壌汚染と地盤沈下は 1％未満です。

　典型 7 公害の中で感覚公害とそうでない公害の比率を出してみると、感覚公害は騒音・低周波音（27.5％）、悪臭（14.1％）、振動（3.4％）なので、合計 45.0％です。感覚公害でない公害は、大気汚染（19.1％）、水質汚濁（6.8％）、土壌汚染（0.3％）、地盤沈下（0.0％）で、合計 26.2％です。

　したがって、感覚公害のほうが、感覚公害でない公害に比べてかなり多いということがいえます。

　次に、過去からの傾向を見てみますと、目につくのが、典型 7 公害以外の公害が大きく増加していることです。騒音と振動が統計に加わった 1977 年度以降で比較すると、典型 7 公害以外の公害は 1977 年度に 11.4％だったのが 2022 年度には 29.1％にまで増えており、過去には 30％を超えた年も多数あります。

　この結果、典型 7 公害の各公害が全体に対して占める割合はおおむね減少していますが、大気汚染だけは増加しており、1977 年度には 15.3％だったのが 2022 年度には 19.1％になっています。しかも、1997 年度から2020 年度まではずっと 20％を超えており、30％を超えた年もあります。

　大気汚染以外はすべて、1977 年度に比べて 2022 年度は比率が減少していますが、その中で減少幅が大きいのは悪臭、振動、水質汚濁の 3 つであり、騒音（及び低周波音）と土壌汚染は比較的減少幅が小さいといえます（地盤沈下はもともと 0.0 ～ 0.1％と非常に比率が低いので、どちらともいえません）。

21

このように、典型 7 公害以外の公害の比率が非常に増加していることを考えると、典型 7 公害のみを公害と定義している環境基本法 2 条 3 項は、時代遅れになっているのではないかとも考えられます。

(3) 件数の推移…新型コロナ禍の影響

　次に、件数の推移を示した図表 1-1 の中で、合計の件数についてみると、1972 年度以降 2000 年度くらいまでは、増えた年も減った年もあって、決まった傾向はありませんが、2003 年度がピークで、この年だけ 10 万件を超えています。

　その後はずっと減少傾向だったのですが、2019 年度と 2020 年度は前年度より増加しています。

　このうちで、2020 年度については、明らかに新型コロナ禍の影響です。新型コロナ禍の影響で、人が外出を控えるようになり、また在宅勤務をする人も増えて、人が自宅で過ごす時間が長くなったために、それまでは気づかなかった騒音や悪臭等に気づくようになり、それらを原因とする近隣トラブルが増加したといわれています。初めて緊急事態宣言が出されたのは 2020 年の 4 月でしたので、2020 年度については 1 年を通して新型コロナの影響があったといえます。

　ただ、その前の 2019 年度については、まだ新型コロナ禍の影響があったとはいえない時期ですので、この年に増えた理由はわかりません。

　その後、2021 年度と 2022 年度は、ともに前年度よりも減少しています。新型コロナ禍の影響が一応収束したといえる現在、新型コロナ禍の前のように公害の件数が減少していくのかどうか、注目されます。

第1章　公害のいろいろ

チェックリストで確認

第1章のポイント

- □法律上の「公害」は、日常的な意味での「公害」とは異なる。法律上の公害は、「大気汚染、水質汚濁、土壌の汚染、騒音、振動、地盤の沈下、悪臭」（典型7公害）のいずれかによる「相当範囲にわたる」被害のことである（環境基本法）。
- □法律上の「公害」でないと、公害紛争処理法上の手続（都道府県公害審査会等や公害等調整委員会）の対象にならない。
　　他方、法律上の「公害」でなくても、民事裁判や調停の対象にはなりうる。
- □「感覚公害」とは、人の感覚によって感知される公害をいう。
- □典型7公害の中では、騒音、振動、悪臭の3つが感覚公害である。
- □公害に関する苦情の中で、感覚公害のほうがそうでない公害に比べて件数が多い。
- □新型コロナ禍の影響で、公害による紛争が増加したといわれており、このことは公害苦情統計調査で裏付けられている。
- □今日、典型7公害以外にも「公害」として問題になる公害は多数存在し、公害全体の中でそれらが占める比率は大きく増加している。

【コラムー今はなき公害】

　公害の中には、「昔は社会的に大きな問題となったが、今は全く発生しなくなった」という珍しいものがあります。それが、「黄害」（おうがい、こうがい）です。

　かつて、列車のトイレは、排泄物を何の処理もせずに、そのまま列車下の線路上に排出する方式がとられていました。このため、列車から排出された排泄物が線路上に散乱していることが珍しくなかったのです。

　このことにより、鉄道線路の近隣住民や保線作業員は、悪臭、不快な景観、害虫の発生等の被害に悩まされました。これが「黄害」と呼ばれた公害です。

　昭和末期まで、トイレのドアに「停車中は使用しないでください」と掲示された列車が一部で走行していました。これは、停車中にトイレを使用すると、排泄物が駅構内の線路上に堆積してしまって上記のような被害が発生するため、それを避けるための掲示でした。

　現在は、列車のトイレは、排泄物については、走行中に車内で薬品で処理した上で車両基地で抜き取って処分する、という方式になりましたので、黄害が発生することは全くなくなりました。

第 2 章
騒音

1　音とは何か・音の性質の表し方

（1）音の意義・媒質による区別

　音とは、①空気中に発生した圧力変化が空気の波（音波）として伝わっていく物理現象と②その物理現象を人の聴覚でとらえた感覚の２つを意味します。

　①について具体的に描写しますと、ものをたたくといった何かのきっかけで空気が押されて、押された空気が密集して、まわりより圧力の高い部分ができます。

　この部分を密と呼びますが、密の部分が隣の空気を押して、そこがまた密になり、さらにその隣の空気を押す、ということが繰り返されます。

　逆に、密と密の間には、空気がまばらで圧力の低い部分ができます。これを疎と呼びます。

　このようにして、密の部分と疎の部分が交互に生まれて、空気の弾性（押し縮めたり引き伸ばしたりすると、もとの体積に戻ろうとする性質）によって、密と疎が空気中の波（音波）として次々と伝わっていきます。この現象は、「空気の振動」と表現することもできます。

　「空気の振動」と書きましたが、実際には空気には限定されません。音を伝える物質を媒質といいますが、空気以外の気体や、固体あるいは液体も媒質となり得ます。媒質がないと音は伝わりませんので、真空中では音は発生しません。

　音波では、波の進む方向と媒質（空気等）の運動の方向が同じであり、このような波を縦波といいます。これに対して、波の進む方向と媒質の運動方向が直交する波を横波といいます。石を池などの水面に投げ入れたときにできる波は横波です。

　上記のとおり、気体、固体、液体のいずれも音の媒質となり得ますので、それに対応して、音は、空気伝搬音（空気音）、固体伝搬音（固体音）、水中伝搬音（水中音）に区別されます。

26

次に②について、耳は大別して外耳、中耳、内耳からなります。

外耳は耳介（一般に「耳」と呼ばれる、顔から突起した部分）と外耳道からなり、音は耳介から外耳道に送り込まれ、その際に増幅されます。

中耳は、鼓膜、鼓室、耳小骨、耳管等からなり、外耳道の一番奥にあるのが鼓膜です。音が鼓膜に達すると鼓膜が振動し、鼓膜の振動は耳小骨連鎖によって、増幅されながら内耳に伝達されます。

内耳は硬い骨で囲まれた複雑な機関で、蝸牛、前庭、3つの半規管（三半規管）、聴神経等からなります。鼓膜の振動が内耳に伝達されると、内耳中の蝸牛の中にある細長い帯状の基底膜が振動し、その振動は基底膜に乗っているコルチ器から聴神経を経て大脳皮質の聴覚野に伝わります。聴神経では、両耳音情報（時間差、強度差など）が加わり、聴覚野において初めて音として感じられます[14]。

（2）周波数（音の高さ）

1秒間あたりの媒質の圧力変化の回数を周波数といいます。これをヘルツ（Hz）という単位で表します。

人の聴覚では、周波数が高い音ほど、高い音として聞こえます。

周波数は音が伝わっていく途中で変わることはなくて、常に一定です。

また、現実に存在する音のほとんどは、1つの周波数だけでなく複数の周波数が混じった音です。これは、音の発生源が複数だから複数の周波数の音が存在するという意味ではなくて、1つの発生源から発生する音であっても、1つでなく複数の周波数が混じり合った音であるのが通常であるということです。これを複合音といいます。

複合音に対して、1つの周波数だけからなる音を純音といいます。純音の例としては、聴力検査の音、音叉の音、電話の時報の音などがありますが、これら以外の、現実に存在する音のほとんどは複合音です。

日常的に接する音の周波数は以下のとおりです。

14　公害防止の技術と法規編集委員会編『新・公害防止の技術と法規 2024 騒音・振動編』
　　（2024年）一般社団法人産業環境管理協会、283頁

図表 2-1　いろいろな音の周波数

音の種類	周波数（Hz）
ピアノ（88 鍵）	27.5 〜 4186
ハ長調のド	261.63
ハ長調のラ	440
1 オクターブ高いラ	880
男声	90 〜 130
女声	250 〜 330
ソプラノ	262 〜 1047
バス	82 〜 392
救急車（ピーポー音）	770（低音）、960（高音）
電話（117）の時報	500（低音）、1000（高音）
聴覚検査用信号 （簡易検査用）	1000（低音）、4000（高音）

出典：筆者作成。

　ハ長調のラが 440Hz、1 オクターブ高いラが 880Hz とありますが、このように、音が 1 オクターブ高くなると周波数は 2 倍になります。

　人が聞くことができる音は約 20Hz から約 20000Hz までですが、聴覚が最も感度がよいのは 4000Hz 付近です。

　100Hz 以下の音を低周波音と呼び、そのうち 20Hz 以下を超低周波音といいます。したがって、低周波音は超低周波音を含む概念です。

（3）音圧・音圧レベル（音の大きさ）

　空気の圧力変化の大きさを音圧と呼びます。音圧の大きい音ほど、人には大きな音として聞こえます。

　音は空気の圧力変化が空気の弾性（伸び縮みする性質）によって伝わっていく現象ですから、音圧は一定の値ではなく、大きくなったり小さくなった

りを繰り返しています。そこで、その大きさを表す場合には音圧実効値という一定値を使用します。音圧実効値とは、瞬時音圧（ある瞬間の音圧）を2乗した上で時間平均値を計算し、平方根をとった値であり、音圧の最大値の1／$\sqrt{2}$（およそ70%）に相当します。

　音の大きさを表すというのはこの音圧実効値を表すということで、そのための概念が音圧レベルです。単位はデシベル（dB）です。

　音圧レベルの定義式は、

$$L_P = 20 \log_{10} \frac{P}{P_0} \text{（dB）}$$

です。ここで、P はデシベルの値を求めたい音の音圧（正確には音圧実効値。単位はパスカル（Pa））であり、音圧が P パスカルである場合の音圧レベルが L_P デシベル（dB）です。P_0 はデシベルの基準となる値で、最小可聴値（人に聞こえる最も小さい音の音圧）であり、$P_0 = 2 \times 10^{-5}$ パスカルです。

　上の式では、対数（log）が使用されています。

　a＞0、a≠1のとき、任意の正の数 X に対して a^p＝X となる実数 P がただ1つ存在します。このとき、P＝$\log_a X$（ログ a の X）と表します。P を対数、a を底、X を真数といいます。

　つまり、$\log_a X$ とは「a を何乗すれば X になるか」という数です。たとえば、$\log_{10} 10＝1$、$\log_{10} 100＝2$、$\log_{10} 100000＝5$、$\log_{10} 1＝0$ です。

　上記のとおり、音圧の単位はパスカル（Pa）ですが、1パスカルは、1平方メートルに対して1N（ニュートン）の力が働いている状態です。1Nとは、1kg の質量を持つ物体に $1m/s^2$ の加速度を生じさせる力であり、1N は約 0.102kgf（0.102kg の質量を持つ物体に働く重力）です。

2 騒音の意義と性質

(1) 騒音の定義

　法令には騒音の定義はありませんので、それに代わる公的な権威のある騒音の定義として、JIS（日本産業規格）によるものがあります。

　JIS Z 8106（音響用語）によると、「騒音」とは、「不快な又は望ましくない音、その他の妨害。」とされています。

　ただ、これには「その他の妨害」とありますので、音以外の妨害が騒音に含まれるように読めて、一般常識に合致しません。

　一方、JIS Z 8731（環境騒音の表示・測定方法）に、「環境騒音とは、一般の居住環境における騒音（望ましくない音）をいう。」という文章があります。

　この２つの JIS を併せ考慮して、騒音とは不快なまたは望ましくない音である、と理解してよいと思われます[15]。

　騒音かどうかについては、個人差もあります。たとえば、あるジャンルの音楽は、それが好きな人にとっては快い音だけれども、嫌いな人にとっては騒音である、ということがあり得ます。

(2) 騒音の発生源

　騒音を発生源によって分類すると、おおむね次のようになります[16]。

①工場・事業場騒音：機械プレス機など、工場及び事業場の事業活動に伴う騒音

②建設作業騒音：くい打機、さく岩機など、建設作業に伴う騒音

③自動車騒音：幹線道路周辺等における自動車の走行に伴う騒音

④鉄道騒音：鉄道沿線における新幹線鉄道及び在来鉄道の走行に伴う騒音

⑤航空機騒音：空港周辺等における航空機の運航に伴う騒音

15　前掲注 14・293 頁も同趣旨を述べています。

16　前掲注 14・270 頁

⑥深夜騒音：飲食店、遊技場、カラオケボックス等の深夜営業に伴う騒音

⑦拡声器騒音：街頭宣伝等に使用される拡声器による騒音

⑧近隣（生活）騒音：家庭から発生する空調機器、音響機器、生活活動、ペットの鳴き声等の騒音、または公園から発生する人声等の騒音

(3) 騒音の大きさの表し方

　騒音の大きさを表すための概念として一番重要なのは、A特性音圧レベルあるいは騒音レベルです。

　前述した音圧レベルの計算式は、人の聴覚を考慮しない、物理的に計算した値でした。しかし、人の聴覚は、周波数によって聞こえやすさが異なりますので、人にとっての聞こえやすさに応じた騒音の大きさを測定する必要があります。

　そこで、A特性という特性で測定値を補正したものがA特性音圧レベル（または騒音レベル）で、これは、音圧レベルの値について、その音にどの周波数の音がどのくらい含まれるのかを考慮して補正したものです。

　単純化して、純音を例として考え方を述べますと、たとえば、1000Hzの音と100Hzの音があって、物理的に計算した音圧レベルはいずれも50dBであるとします。同じ50dBであっても、1000Hzの音よりも100Hzの音のほうが聞こえにくい、つまり1000Hzの音よりも100Hzの音のほうが小さい音に聞こえます。そこで、dBの数字が耳に聞こえる音の大きさを反映するように、1000Hzの音は50dBのままとするが、100Hzの音は数値を10減らして40dBに補正する、といったことです。この10という数字は説明のための数字で、実際の補正値ではありません。

　A特性音圧レベルあるいは騒音レベルの単位として、かつてはdB（A）が用いられましたが、現在は（A）をつけないdBが正式な単位です。現在もdB（A）が使われることがありますが、これは本来は正しくありません。

　今日、単にdBといえばA特性音圧レベルのことを指し、これは騒音レベルと同じ意味です。

　一般的な騒音について、A特性音圧レベルと、耳で感じる音の大きさのレ

ベルとの間にはおおむね相関関係が成立するとされますので、騒音の測定には通常これが用いられます。

次に、騒音に関するその他の用語として、ホンというのはかつてＡ特性音圧レベルの単位として使われていたもので、古い文献によく出てきます。今は計量法によって、ホンではなくデシベルを用いることが決められています。

また、Ｂ特性、Ｃ特性、平坦特性、フラット特性、Ｚ特性といったものもありますが、これは人の聴覚による補正をどのように行うか、あるいは補正を行わないかによる違いです。補正を行わないのは平坦特性、フラット特性及びＺ特性です。騒音測定で使われるのは専らＡ特性です。

（4）日常生活で接する音の騒音レベル

図表 2-2　日常生活で接する音の騒音レベル

騒音レベル （dB）	音　源
120	飛行機のエンジン近く
110	自動車のクラクション（前方２メートル）
100	電車の通るときのガード下
90	大声による独唱、騒々しい工場内
80	地下鉄の車内（窓を開けたとき）、ピアノ
70	掃除機、騒々しい事務所
60	普通の会話、チャイム
50	静かな事務所
40	深夜の市内、図書館
30	ささやき声
20	木の葉のふれあう音

出典：東京都環境局環境政策部環境政策課編集「東京都環境白書
　　　2010」100 頁を基に筆者作成。

前頁の表は、日常生活で接する音の騒音レベルの大きさです。

人の最大可聴値（人に聞こえる最も大きい音）は 120dB から 130dB くらいまでとされています。それ以上大きい音を聞くと、耳を痛める危険が大きくなります。

(5) 時間率騒音レベル・等価騒音レベル

騒音計で騒音を測定するとき、騒音計がずっと同じ数値を指し示しているということはあり得ず、測定値は常に変動し続けています。

そこで、基準値を決めたり、測定値と基準値を比較したりするためには、変動する数値を代表する 1 つの数値の決め方についてのルールを決めておく必要があります。そのルールの代表的なものが時間率騒音レベルと等価騒音レベルです。

時間率騒音レベルは、騒音についての法律や条例では「90％レンジの上端値」という表現で出てくることが多いです。90％レンジの上端値とは、おおざっぱなイメージとしては、一定間隔（たとえば 5 秒ごと）に多数回騒音を測定して、それらの測定値を大きいものから順に並べ、大きいほうから 5％を取り除いて、残ったもののうち最も大きい数値です。

90％レンジの上端値と呼ぶ理由は、以下のとおりです。多数の測定値を大きいものから順に並べて、大きいほうの 5％と小さい方の 5％をいずれもカットすると、残りは 90％です。その 90％の中で一番大きい数値を採用するので、上端値ということになります[17]。

次に、等価騒音レベルというのは、変動する騒音の騒音レベルを一定時間について騒音の持つエネルギーを基準にして平均した値です。

時間率騒音レベルと等価騒音レベルのどちらを用いて騒音を評価するかは個々の法令で規定されます。また、時間率騒音レベルも等価騒音レベルも、その機能を有する騒音計を使えば自動的に表示されます。

17　この説明は若干不正確で、90％レンジの上端値の正確な求め方はもっと複雑なのですが、その説明は省略します。

（6） FAST と SLOW （動特性または時間重み付け特性）

「動特性」はかつての呼び名であり、国際規格に従った現在の正式名称が「時間重み付け特性」です。

これは、騒音計で継続時間の短い単発的な音や、変動の激しい音を測定した場合の指示値の変動の速さによる区別で、いわば騒音計の音に対する感度のよさを示すものです。

FAST と SLOW の 2 種類があり、FAST のほうが SLOW よりも敏感に反応します。

FAST のほうが人の耳の特性に近似した測定ができますが、SLOW は FAST より反応が遅いので、騒音計の指示値の変動を少なくして、読み取りやすくするために SLOW が定められています。

ほとんどの騒音計で、FAST と SLOW を切り替えて測定できるようになっています。どちらを用いて測定するかについては、これも法令等で個々に定められています。

（7） 人に対する影響が生じないために望ましい騒音のレベル

人に対する影響が生じないために騒音のレベルをどのくらいに抑えることが望ましいかということに関して、一番重要な知識は、「騒音の評価手法等の在り方について（答申）」（1998 年 5 月 22 日中央環境審議会）に示されている基準値です。これは「屋内指針」と呼ばれることがあります。

屋内指針の数値は、夜間（午後 10 時～翌日午前 6 時）すなわち睡眠への影響が生じないレベルは 35dB 以下、昼間（午前 6 時～午後 10 時）すなわち会話への影響が生じないレベルは 45dB 以下とされています。

環境基本法に基づく騒音に係る環境基準は、この答申を基にして作成されており、その環境基準を達成するための規制が騒音規制法に基づく騒音規制です。したがって、この答申は、現在の日本の騒音規制の根本原則を定めたものといえます。

34

第2章　騒音

| 3 | 騒音の測定方法 |

（1）騒音計についての法律上の条件

　計量法により、騒音測定に使用する騒音計についての一般的な条件が定められています。

　その規定は同法16条1項ですが、この条文は複雑で、その内容を具体的に説明するには紙幅がとうてい足りませんので、結論だけ書きますと、「取引（有償であると無償であるかを問わず、物又は役務の給付を目的とする業務上の行為）又は証明（公に又は業務上他人に一定の事実が真実である旨を表明すること）のために使用する騒音計は、検定に合格しており、かつ検定の有効期間内のものでなければならない」という規定です。

　ここにいう検定は、一般財団法人日本品質保証機構によって有償で行われます。騒音計の検定の有効期間は5年間です。

　なお、「計量法71条の要件を満たす騒音計」という表現が使われることがありますが、計量法71条の要件を満たす騒音計とは、上記の検定に合格したもののことをいいます。

　この他には、計量法上は騒音測定についての要件はありません。たとえば、騒音測定に関する国家資格者（「環境計量士（騒音・振動関係）」がそれにあたります）が測定しなければならないというような要件はありません。

　また、裁判例においても、大阪地判平成27（2015）・12・11（判例時報2301号103頁）は、「原告本人（すなわち、騒音被害を主張する側であり、騒音測定の専門業者ではない）が行った測定であっても、特段、その測定結果の正確性や信用性を疑わせるような事情がなければ、受忍限度の判断資料の一つとして用いてよい」という趣旨を述べており、測定は有資格者が行わなければならないという考え方はとっていません（受忍限度については、第6章（108頁以下）を御参照ください）。

35

(2) 測定方法

　騒音の測定方法に関し、法律や条例では、JIS Z 8731（環境騒音の表示・測定方法）に従って測定すると定められていることが多いです。

　JIS Z 8731 では、屋外における測定、建物の周囲における測定、建物の内部における測定のそれぞれについて定めがあります。

　屋外における測定については、可能な限り、地面以外の反射物から 3.5m 以上離れた位置で測定するものとし、測定点の高さは、特に指定がない限り、地上 1.2~1.5m とされています。

　建物の周囲における測定の場合は、特に指定がない限り、対象とする建物の騒音の影響を受けている外壁面から 1~2m 離れ、建物の床レベルから 1.2~1.5m の高さで測定するものとされています。

　建物の内部における測定については、特に指定がない限り、壁その他の反射面から 1m 以上離れ、騒音の影響を受けている窓などの開口部から約 1.5m 離れた位置で、床上 1.2 ~ 1.5m の高さで測定するとされています。

　このように、壁などでの音の反射による測定への影響を避けるために、反射面からある程度以上離れたところで測ることが定められています。

　このことから見て、明記はされていませんが、騒音計は手に持つのではなく三脚で設置すべきです。騒音計を手に持って測定すると、体による音の反射が避けられないからです。

　なお、ときどき騒音計を床に置いて測定する人がいますが、これも、床からの反射があるので、適切ではありません。そもそも、上記のとおり、測定点の高さは原則として 1.2 ~ 1.5m とされており、このことからも、騒音計を床に置いて測定してはならないことが明らかです。

第 2 章 騒音

4 騒音により生ずる被害

騒音によって人に生ずる被害としては、以下のものがあります[18]。

（1） 直接的影響

心理的妨害（音が大きい等の聴覚系だけの心理的妨害）、聴取妨害（テレビ、ラジオ、会話、電話等の音声聴取妨害）、聴力低下（一過性難聴、永久性難聴）があります。

（2） 間接的影響
①情緒的妨害 （精神症状）

うるさい、不快だ、煩わしい、迷惑だ等の総合的心理的妨害と、いらいらする、気が散る、気が滅入る等の精神症状への影響があります。

②生活妨害

睡眠妨害、休養ができない、仕事や勉強、読書ができない等の影響です。聴取妨害も生活妨害の 1 つです。

③身体的影響 （身体症状）

生理的影響（自律神経系の影響や内分泌系の影響）と身体症状の影響（頭が重い、頭痛、胃腸の不調、動悸がする、耳鳴りがする等）です。

直接的影響と間接的影響の区別は、聴覚系（耳－聴神経－大脳聴覚領）の影響か否かによって分類される医学上の分類です。

研究者の中には、睡眠妨害こそが騒音の影響の中で最も深刻な被害であると考えている人もいます。

睡眠妨害には、入眠妨害、夜間覚醒、睡眠深度妨害（深い眠りが妨げられて浅い眠りとなる）等があります。

---

18 前掲注 14・293 頁以下

睡眠中の騒音により、血圧上昇、心拍数増加、末梢血管収縮、不整脈増加、体動増加等の種々の生理的影響が起こります。

第 2 章　騒音

5　騒音の基準値・規制値

（1）環境基準と規制基準の性格

　法律や条例で定められた基準のことを「公法上の基準」といいます。

　騒音についての公法上の基準として、規制基準（騒音規制法に基づく基準）と環境基準（環境基本法に基づく騒音に係る環境基準）の 2 種類があります。

　本書で扱う騒音、低周波音、振動及び悪臭の 4 種類の公害のうちで、環境基準が定められているのは騒音だけです。これは、環境基準を制定すべき公害の種類が環境基本法 16 条で定められていて、それが大気汚染、水質汚濁、土壌汚染及び騒音の 4 種類だからです。

　環境基準と規制基準は性質がかなり異なり、この 2 つの言葉ははっきり使い分けられていますので、混同しないように注意する必要があります。

　環境基準とは、行政上の達成目標であって、騒音を発生させている者に対する規制の根拠にはなりません。

　これに対して規制基準は、騒音を発生させている者に対して規制をする根拠となります。つまり、規制基準に反する騒音等を発生させている者に対しては、市区町村長による是正勧告や是正命令が出され、是正命令に従わない者に対しては罰則が科されることがあります。

　規制基準と環境基準の関係については、行政上の達成目標である環境基準を達成するための手段が法律による規制基準である、とされています。

　また、地方公共団体の条例による基準も「規制基準」と呼ばれます。条例による規制基準と環境基準の関係も、上で述べたことが当てはまります。

（2）環境基準

　騒音に係る環境基準は、騒音の種類にかかわらない一般的な基準で、道路に面する地域とそれ以外の地域とに分けて規定されています。現行の騒音に係る環境基準は、1971 年に制定された旧環境基準に代えて、1998 年 9 月 30 日付の環境庁告示によって制定されたものであり、「新基準」と呼ば

39

れることがあります。新基準の概要は以下のとおりです。

①環境基準の数値

　環境基準の数値は、地域の類型及び時間の区分ごとに次のように定められており、各類型を当てはめる地域は、都道府県知事（市の区域については市長）が指定します。

図表 2-3　環境基準（一般の場合）

地域の類型	基　準　値	
	昼間（午前 6 時～午後 10 時）	夜間（午後 10 時～翌日午前 6 時）
AA	50dB 以下	40dB 以下
A 及び B	55dB 以下	45dB 以下
C	60dB 以下	50dB 以下

（注）地域の類型
　　　AA：療養施設、社会福祉施設等が集合して設置される地域など特に静穏を要する地域
　　　A：専ら住居の用に供される地域
　　　B：主として住居の用に供される地域
　　　C：相当数の住居と併せて商業、工業等の用に供される地域

　ただし、次の表に掲げる地域（「道路に面する地域」）については、基準値は以下のとおりとなります。

図表 2-4　道路に面する地域の基準値

地　域　の　区　分	基　準　値	
	昼　間	夜　間
A 地域のうち 2 車線以上の車線を有する道路に面する地域	60dB 以下	55dB 以下
B 地域のうち 2 車線以上の車線を有する道路に面する地域及び C 地域のうち車線を有する道路に面する地域	65dB 以下	60dB 以下

第2章　騒音

　さらに、幹線交通を担う道路に近接する空間については、特例として基準値は次のとおりとなります。

図表 2-5　幹線交通を担う道路に近接する空間における基準値

基　準　値	
昼　　間	夜　　間
70dB 以下	65dB 以下

②環境基準の数値の根拠

　環境基準の数値は、生活の中心である屋内において睡眠影響及び会話影響を適切に防止する上で維持されることが望ましい騒音影響に関する屋内騒音レベルの指針（これは「屋内指針」と呼ばれることがあります）を設定し、建物の防音性能を見込んで、その屋内騒音レベルを確保するためには屋外における騒音レベルがどの程度であることが必要か、という見地から定められたものです（1998 年 5 月 22 日付中央環境審議会「騒音の評価手法等の在り方について（答申）」）。

　屋内において睡眠影響及び会話影響を適切に防止する上で維持されることが望ましい屋内騒音レベルとは、具体的には以下の数字です（昼間と夜間の区別は前頁の図表 2-3 のとおりです）。

図表 2-6　騒音影響に関する屋内指針

	昼間［会話影響］	夜間［睡眠影響］
一般地域	45dB 以下	35dB 以下
道路に面する地域	45dB 以下	40dB 以下

　また、建物の防音性能は、以下のとおりとされています。
・通常の建物において窓を開けた場合の平均的な内外の騒音レベル差（防音効果）は 10dB
・通常の建物において窓を閉めた場合におおむね期待できる平均的な防音性

41

能は（建物によって必ずしも一様でないが）25dB 程度

③測定と評価の方法・地域の類型の当てはめ

　測定は、計量法 71 条の条件に合格した騒音計を用いて行い、周波数補正回路は A 特性を用います。

　測定場所は、屋外で、建物の騒音の影響を受けやすい面において測定します。

　測定方法は原則として JIS Z 8731 によります。

　評価手法は等価騒音レベルにより、時間の区分ごとの全時間を通じた等価騒音レベルによって評価することを原則とします（旧環境基準では時間率騒音レベル（中央値 L_{50}）によっていました）。評価の時期は、騒音が 1 年間を通じて平均的な状況を呈する日を選定することとされています。

④適用除外

　この環境基準は、航空機騒音、鉄道騒音及び建設作業騒音には適用されません。

(3) 規制基準
①規制対象となる騒音

　規制対象は、工場及び事業場の騒音、建設工事の騒音、道路交通騒音の 3 種類の騒音です。

　これらのうち、道路交通騒音については性質が特殊で、騒音を発生させる者に対する規制ではありませんので、以下の記述では省きます。

②規制対象地域

　規制されるのは、都道府県知事（市の区域については市長）が指定する「指定地域」内に限られます。

③規制の内容

a. 工場及び事業場の騒音

工場及び事業場の騒音は、事前規制と事後規制の２つの方法によって規制されます。

事前規制として、「特定施設」（著しい騒音を発生する施設であって政令（騒音規制法施行令）で定めるもの）を設置する者は、事前に市町村長（東京都の特別区では特別区の長）に届け出る義務があります。特定施設として、金属加工機械、空気圧縮機及び送風機、織機等が定められています。

この届出に対して、市町村長は、発生する騒音が規制基準に適合しないことにより周辺の生活環境が損なわれると認めるときは、事前に騒音防止の方法等について計画変更の勧告を行うことができます。勧告に従わない者に対しては勧告に従うべきことを命ずることができ、その命令に従わない者には罰則があります。

次に事後規制として、特定工場等（特定施設を設置した工場または事業場）を設置している者は、当該特定工場等に係る規制基準を遵守しなければなりません。その違反に対しては、市町村長が改善勧告や改善命令を発することができ、改善命令に従わない者には罰則があります。

なお、注意すべきこととして、規制基準は、特定施設から発生する騒音だけでなく、当該特定工場等から発生するすべての騒音に対して適用されます。

規制基準（地域、時間帯及び規制値の定め）は、環境大臣が定める範囲内で、都道府県知事（市の区域については市長）が定めます。環境大臣が定める範囲とは、「特定工場等において発生する騒音の規制に関する基準」（環境省告示）によって、地域を４種類、時間帯を３種類に区分して、以下のように定められています。

測定場所は、特定工場等の敷地の境界線上です。

図表 2-7　規制基準の数値

	昼間	朝・夕	夜間
第 1 種区域	45dB 以上 50dB 以下	40dB 以上 45dB 以下	40dB 以上 45dB 以下
第 2 種区域	50dB 以上 60dB 以下	45dB 以上 50dB 以下	40dB 以上 50dB 以下
第 3 種区域	60dB 以上 65dB 以下	55dB 以上 65dB 以下	50dB 以上 55dB 以下
第 4 種区域	65dB 以上 70dB 以下	60dB 以上 70dB 以下	55dB 以上 65dB 以下

（注 1）「昼間」、「朝」、「夕」、「夜間」の意義
　　　　昼間：午前 7 時または 8 時〜午後 6 時、7 時または 8 時
　　　　朝　：午前 5 時または 6 時〜午前 7 時または 8 時
　　　　夕　：午後 6 時、7 時または 8 時〜午後 9 時、10 時または 11 時
　　　　夜間：午後 9 時、10 時または 11 時〜翌日の午前 5 時または 6 時
（注 2）第 1 種区域〜第 4 種区域の意義
　　　　第 1 種区域：良好な住居の環境を保全するため、特に静穏の保持を必要とす
　　　　　　　　　　　る区域
　　　　第 2 種区域：住居の用に供されているため、静穏の保持を必要とする区域
　　　　第 3 種区域：住居の用にあわせて商業、工業等の用に供されている区域であっ
　　　　　　　　　　　て、その区域内の住民の生活環境を保全するため、騒音の発生
　　　　　　　　　　　を防止する必要がある区域
　　　　第 4 種区域：主として工業等の用に供されている区域であって、その区域内
　　　　　　　　　　　の住民の生活環境を悪化させないため、著しい騒音の発生を防
　　　　　　　　　　　止する必要がある区域
（注 3）騒音の測定方法
　　　　　計量法 71 条の条件に合格した騒音計で、A 特性・FAST を用い、JIS Z
　　　　8731 に定める方法による。
　　　　騒音レベルの決定は以下のとおりとする。
　　　　①騒音計の指示値が変動せず、または変動が少ない場合は、その指示値とす
　　　　　る。
　　　　②騒音計の指示値が周期的または間欠的に変動し、その指示値の最大値がお
　　　　　おむね一定の場合は、その変動ごとの指示値の最大値の平均値とする。
　　　　③騒音計の指示値が不規則かつ大幅に変動する場合は、測定値の 90％レン
　　　　　ジの上端値とする。
　　　　④騒音計の指示値が周期的または間欠的に変動し、その指示値の最大値が一
　　　　　定でない場合は、その変動ごとの指示値の最大値の 90％レンジの上端値
　　　　　とする。

第2章　騒音

このように、どのような施設が規制対象となるかについては政令によって全国で画一的に定める一方、規制地域や時間帯、あるいは規制基準の具体的な数値については、都道府県知事（または市長）が地域の実情に応じて定めることになっています。

b. 建設工事の騒音

「特定建設作業」（建設工事として行われる作業のうち、著しい騒音を発生する作業であって政令（騒音規制法施行令）で定めるもの）を伴う建設工事を施工する者について規制されます。

政令では、くい打ち機を使用する作業、びょう打ち機を使用する作業、さく岩機を使用する作業等が特定建設作業として定められています。

工場及び事業場の騒音と同様に、事前規制と事後規制がありますが、事前規制について計画変更勧告の制度はありません。これは、建設作業は一時的なものであり、騒音防止対策の標準化が困難との考えによるものです。

また、事後規制については、規制の基準（騒音規制法上は、建設作業騒音の基準は「規制基準」とは呼ばれません）は環境大臣が全国統一の基準（敷地境界線において85dB）を定めていることや、騒音の大きさだけでなく、作業時間帯や作業期間（1日あたりの時間や連続の作業日数）、休日についての定めもあることなどが工場及び事業場の規制と異なります。また、工場及び事業場の騒音とは異なり、特定建設作業として指定された作業から発生する騒音についてのみ、基準値が適用されます。

c. 条例による規制との関係

騒音規制法には、工場及び事業場の騒音や建設工事の騒音についての条例による規制に関する規定があります。その内容は以下のとおりです。

第1に、指定地域内の特定工場等において発生する騒音（すなわち、騒音規制法による規制の対象である騒音）について、地方公共団体が、当該地域の自然的、社会的条件に応じて、騒音規制法とは別の見地から条例で必要な規制を定めることを妨げるものではありません。

この規定の反対解釈として、特定建設作業に関しては、条例による別の見地からの規制はできないと解されます。

　第2に、①指定地域内に設置される特定工場等以外の工場・事業場から発生する騒音または②指定地域内で行われる特定建設作業以外の建設工事から発生する騒音、すなわち騒音規制法による規制対象ではない騒音について、地方公共団体が条例で必要な規制を定めることを妨げるものではありません。

　この規定に基づき、発生源を問わずに（事業者だけでなく一般人の発生させる騒音を含め）一般的に騒音を発生させる行為を規制している条例があります。東京都の「都民の健康と安全を確保する環境に関する条例（略称「環境確保条例」）はその例です。

第2章　騒音

チェックリストで確認

第2章のポイント

□「音」には、空気の圧力変化が波として伝わる物理現象と、その物理現象を人の聴覚でとらえた感覚という2つの意味がある。

□1秒間あたりの媒質（音を伝える物質）の圧力変化の回数を周波数といい、単位はヘルツ（Hz）である。周波数が高い音ほど、高い音として聞こえる。

□空気の圧力変化の大きさを音圧といい、音圧が大きい音ほど大きな音として聞こえる。

□音圧の大きさは、最小可聴値（人に聞こえる最も小さい音の音圧）を基準とした式によって表される。単位はデシベル（dB）である。

□騒音とは、不快なまたは望ましくない音である。

□騒音の大きさは、音圧レベルの数値を人の聴覚を考慮して補正したА特性音圧レベル（騒音レベルともいう）で示す。単位は音圧レベルと同じくデシベル（dB）である。

□時間率騒音レベルの一種としてよく使われる90％レンジの上端値とは、一定間隔で多数回測定した騒音の測定値を大きいほうから順に並べて、上位5％を取り除いた後に残ったうちで最も大きな測定値である。

□等価騒音レベルとは、一定時間について、測定値を騒音の持つエネルギーを基準にして平均した数値である。

□騒音の測定のためには、検定に合格し、検定の有効期間内である騒音計を使用しなければならない。

□騒音の基準値として、環境基本法に基づく環境基準と騒音規制法や条例による規制基準とがある。

【コラム－賃貸マンションの賃貸人の責任】

　マンションの近隣トラブルで最も多いのが騒音トラブルだといわれていますが、賃貸マンション（1棟全体が賃貸の場合のほか、分譲マンションの所有者が自己の所有する住居を賃貸に出している場合も含みます）において、賃借人（実際に住んでいる人）が出している騒音についての苦情が賃貸人に寄せられることがあります。

　このような場合に、賃借人だけでなく賃貸人も、被害者に対する損害賠償責任を負わされることがあり、そのことを認めた裁判例もあります。

　したがって、賃貸人としては、このような苦情を受けたら、自分は関係ないとは考えずに、真摯に対応すべきです。場合によっては、賃借人との間の賃貸借契約を解除することも考える必要があります。

第 3 章
低周波音

1　低周波音とは何か

(1) 低周波音・超低周波音・可聴域の低周波音

　周波数が100Hz以下の音を「低周波音」と呼び、そのうち20Hz以下の音を「超低周波音」といいます。したがって、「超低周波音」は「低周波音」に含まれます。

　「超低周波音」ではない「低周波音」、つまり20Hzを超えて100Hz以下の音は、「可聴域の低周波音」と呼ばれます。

(2) 低周波音の聞こえ方・感じられ方

　20Hzを超えて100Hz以下の音は、「可聴域の低周波音」と呼ばれるとおり、音として「聞こえる」といわれます。

　他方、超低周波音つまり20Hz以下の音は、音としては聞こえず、振動感・圧迫感として「感じられる」といわれます。

　ただし、20Hzというのはだいたいの境界がそれぐらいであるというだけで、20Hzを境に急に音として聞こえたり聞こえなくなったりするわけではありません。20Hz以下でも、音圧が十分大きければ音として聞こえるといわれます。

　可聴域の低周波音が具体的にどのように聞こえるかというと、言葉で表せば「ボー」あるいは「ブーン」といった低い音です。したがって、通常の騒音のような、聞こえ初めたときに直ちに感知されて「うるさい」と思うような音ではありません。音楽やテレビ、ラジオ等をつけていたり、あるいは仕事や勉強などに集中していたりしているときに低周波音が発生しても、すぐには気づかず、しばらくして（ときには、何日も経ってから）気づくということが珍しくありません。

　低周波音の特質をよく表す言葉として、「重低音」という言葉があります。また、人によっては、「体（またはお腹）に響くような音」とか「振動音」といった表現をする人もいます。このような表現がされる場合には、その音

第3章　低周波音

は低周波音ではないかと疑ってみるべきです。

　低周波音の被害を訴える人は、比較的高齢者が多いといわれます。これは、高齢になると高い周波数の音から聞こえにくくなるため、それまでは高い周波数の音によって低周波音がまぎれて（かき消されて）、気にならなかったのが、高い周波数の音が聞こえにくくなったために低周波音がはっきり聞こえるようになり、気になりだすからです。

（3）「低周波」か「低周波音」か

　「低周波」や「低周波騒音」といった言葉を使う人もいますが、「低周波音」という言葉が望ましいです。裁判所の判決や行政機関の文書等では、ほとんどの場合「低周波音」という言葉が使われています。

　また、電磁波にも低周波と高周波とがあるため、電磁波ではなく低周波の「音」であることを明示するためにも、「低周波音」という言葉を使うことが望ましいです。

51

2 低周波音の発生源

低周波音の発生源として、以下のものがあげられます[19]。

①工場・事業場

　送風機、往復圧縮機、真空ポンプ、振動ふるい、燃焼装置、機械プレスなど

②交通機関

　道路高架橋、高速鉄道トンネル、ヘリコプター、船舶など

③店舗・公共施設

　変圧器、ボイラー、空調室外機、冷凍機など

④その他

　治水施設、発破など

　また、最近問題となることの多い発生源として、エコキュート等があります。次の頁に一覧表を掲げます。

19　環境省ウェブサイト「よくわかる低周波音」11 頁
　　https://www.env.go.jp/content/000190137.pdf

第３章　低周波音

図表 3-1　エコキュート等の整理

種類	給湯器			家庭用発電設備（発電の際にできる熱を給湯や暖房に使用する）	
商品名	エコキュート	エコジョーズ	エコワン	エネファーム	エコウィル
一般名	家庭用ヒートポンプ給湯器	省エネ高効率給湯器（潜熱回収型ガス給湯器）		家庭用コージェネレーションシステム	
動力	電気	ガス	電気とガス（エコキュートとエコジョーズを組み合わせたハイブリッド型）	燃料電池（ガスから取り出した水素を使用）	ガスエンジン
備考	安価な夜間電力を使用する				生産終了（エネファームに移行）

出典：筆者作成。

　後述する消費者庁の報告書が扱っているのは、エコキュート、エネファーム、エコウィルの３種ですが、これらの報告書では商品名ではなく一般名で呼ばれますので、上の表で一般名と商品名の対応関係を確認してください。

53

3 低周波音による影響（被害）の内容

　低周波音により生じる影響（被害）には、物的影響と身体的影響（心身に係る影響）の2種類があります[20]。

(1) 低周波音による物的影響の内容

　物的影響とは、窓や戸の揺れ・がたつきなどの建具などへの影響です。

　また、建具以外への影響として、置物が移動したり、食器等がガタガタ揺れたりして音がするといった現象もあります。

　揺れやすい建具の場合、20Hz 以下では人が感じるよりも低い音圧レベルでがたつくことがわかっています。

(2) 低周波音による身体的影響の内容

　身体的影響とは、心理的影響（低周波音が知覚されてよく眠れない、気分がいらいらする、胸や腹を圧迫されるような感じがする）と、生理的影響（頭痛・耳鳴りがする、吐き気がする等）です。

　かつては物的影響の訴えが多かったのですが、近年は身体的影響のほうがよく問題になります。身体的影響の訴えとして、「圧迫感」「振動感」「頭重感」といった言葉がよく使われます。

(3) 低周波音により身体的影響が生じる理由

　低周波音によって身体的影響が生じるのは、人が低周波音を感知することによって「嫌だ」と感じるため及びそのように感じることによって生じるストレスがその人の体に作用するためである、というのが通説です。

　20Hz を超える可聴域の低周波音は「聞こえる」のに対して、20Hz 以下の超低周波音は「感じられる」と表現するほうが適切ですので、その両者を

20　前掲注19・8頁

　　環境省ウェブサイト「低周波音の測定方法に関するマニュアル」5～6頁

　　https://www.env.go.jp/content/900405756.pdf

第 3 章　低周波音

合わせた表現として、「感知する」という言葉がよく使われます。

　したがって、身体的影響が生じるのは、その人が低周波音を感知している場合に限られます。かつては、低周波音が被害者の感覚を介さずに直接人の脳や内臓に作用して悪影響を生じさせる（したがって、本人が低周波音を感知していなくても、低周波音の悪影響は生じる）という考え方もありましたが、現在では、そのような考えは否定されています。

　なお、当然ながら、低周波音の物的影響は人に感知されなくても生じます。

4 低周波音についての目安の数値

　低周波音については、騒音とは異なり、公法上の基準（規制基準や環境基準）は存在しません。

　それに代わるものとして用いられる数値として、環境省の「参照値」と国際基準による「感覚閾値」の２つがあります。

(1) 環境省の「低周波音問題対応の手引書」と「参照値」

　環境省は、2004年に公表した「低周波音問題対応の手引書」[21]において、「参照値」を示しています。これは、低周波音による物的影響と身体的影響のそれぞれについて、どの程度のレベルの低周波音があれば影響が生じる可能性があるかということを示す「目安」の数値です。

　その数値は、具体的には以下のとおりです。

図表 3-2　低周波音の物的影響（物的苦情）についての参照値

1/3 オクターブバンド中心周波数（Hz）	5	6.3	8	10	12.5	16	20	25	31.5	40	50
1/3 オクターブバンド音圧レベル（dB）	70	71	72	73	75	77	80	83	87	93	99

図表 3-3　低周波音の身体的影響（心身に係る苦情）に関する参照値

1/3 オクターブバンド中心周波数（Hz）	10	12.5	16	20	25	31.5	40	50	63	80
1/3 オクターブバンド音圧レベル（dB）	92	88	83	76	70	64	57	52	47	41

　心身に係る苦情に関する参照値は、この表の値及びG特性音圧レベルで92dBとされています。G特性音圧レベルについては後述します。

　これらの参照値は、1/3オクターブバンドの各バンドの数値で示されて

21　環境省ウェブサイト「低周波音問題対応の手引書」
　　https://www.env.go.jp/air/teishuha/tebiki/

第 3 章　低周波音

います。

　1/3 オクターブバンドというのは、一定の法則で周波数を細かく区切っ
ていったそれぞれの周波数の範囲のことです。区切り方には、国際規格で定
められたオクターブバンドまたは 1/3 オクターブバンドが用いられます。

　次の頁の表は、オクターブバンドと 1/3 オクターブバンドを合わせた表
です。

図表 3-4　オクターブバンド・1/3 オクターブバンド

オクターブバンド		1/3 オクターブバンド	
中心周波数（Hz）fo	遮断周波数（Hz）$f_1 \sim f_2$	中心周波数（Hz）fo	遮断周波数（Hz）$f_1 \sim f_2$
1	0.71 ～ 1.4	0.8	0.71 ～ 0.9
		1	0.9 ～ 1.12
		1.25	1.12 ～ 1.4
2	1.4 ～ 2.8	1.6	1.4 ～ 1.8
		2	1.8 ～ 2.24
		2.5	2.24 ～ 2.8
4	2.8 ～ 5.6	3.15	2.8 ～ 3.55
		4	3.55 ～ 4.5
		5	4.5 ～ 5.6
8	5.6 ～ 11.2	6.3	5.6 ～ 7.1
		8	7.1 ～ 9
		10	9 ～ 11.2
16	11.2 ～ 22.4	12.5	11.2 ～ 14
		16	14 ～ 18
		20	18 ～ 22.4
31.5	22.4 ～ 45	25	22.4 ～ 28
		31.5	28 ～ 35.5
		40	35.5 ～ 45
63	45 ～ 90	50	45 ～ 56
		63	56 ～ 71
		80	71 ～ 90
125	90 ～ 180	100	90 ～ 112
		125	112 ～ 140
		160	140 ～ 180
250	180 ～ 355	200	180 ～ 224
		250	224 ～ 280
		315	280 ～ 355
500	355 ～ 710	400	355 ～ 450
		500	450 ～ 560
		630	560 ～ 710
1000	710 ～ 1400	800	710 ～ 900
		1000	900 ～ 1120
		1250	1120 ～ 1400
2000	1400 ～ 2800	1600	1400 ～ 1800
		2000	1800 ～ 2240
		2500	2240 ～ 2800
4000	2800 ～ 5600	3150	2800 ～ 3550
		4000	3550 ～ 4500
		5000	4500 ～ 5600
8000	5600 ～ 11200	6300	5600 ～ 7100
		8000	7100 ～ 9000
		10000	9000 ～ 11200
16000	11200 ～ 22400	12500	11200 ～ 14000
		16000	14000 ～ 18000
		20000	18000 ～ 22400

出典：筆者作成。

この表の左側がオクターブバンドで、中心周波数と遮断周波数という2つの欄がありますが、たとえば一番上の遮断周波数の0.71Hzから1.4Hzまでの範囲を1Hzのバンドといいます。その次が1.4Hzから2.8Hzまでの範囲で、これが2Hzのバンドです。以下だんだんと周波数が大きくなりますが、周波数が大きくなるにつれて区切り方がおおざっぱになります。一番下の16000Hzのバンドは、11200Hzから22400Hzまでという広い範囲です。

このオクターブバンドをさらに3つに分けたのが右側の1/3オクターブバンドで、一番上のバンドは遮断周波数の0.71Hzから0.9Hzまでの範囲で、これが0.8Hzのバンドです。これもやはり、周波数が大きくなると区切り方がおおざっぱになっていきます。

この表を見ていただくとわかるように、オクターブバンドでも1/3オクターブバンドでも、0.71Hzから22400Hzまでのすべての周波数がどこかのバンドに属していて、バンドに隙間はありません。

これらのバンドの中で、低周波音の領域はオクターブバンドで63Hzまで、1/3オクターブバンドで80Hzまでです[22]。

参照値の表は、1/3オクターブバンドの各バンドの周波数の範囲の音が何dBか、ということを示すものです。

低周波音の身体的影響（心身に係る苦情）に関する参照値の表（図表3-3）で、一番左は中心周波数10Hzのバンドですから、1/3オクターブバンドの表によれば、9Hzから11.2Hzまでの範囲ということになります。この範囲の周波数の音についての参照値は92dBです。

この表の中で、どれか1つのバンドについてでも、参照値を超える低周波音が存在すると、心身に係る苦情、つまり身体的影響が生じる可能性があるということを意味します。

この参照値の数値は、A特性などの人の聴覚による補正をした数値ではなく、音圧レベルの定義式（第2章29頁）によって物理的に計算した数値で、

22　環境省ウェブサイト「低周波音の測定方法に関するマニュアル」
　　https://www.env.go.jp/content/900405756.pdf

平坦特性、フラット特性あるいは Z 特性と呼ばれるものです。

　また、心身に係る苦情に関する参照値のところで、G 特性音圧レベルという言葉が出てきましたが、これは、超低周波音つまり 20Hz 以下の範囲の音について、音圧レベルの定義式によって算出した物理的な音圧レベルの値を人の聴覚を考慮して補正した値、つまり、人にとっては周波数が低い音の方が感じにくいことを考慮して補正した値です。可聴音における A 特性音圧レベル（＝騒音レベル）と同じ性格のものです。

　なお、測定にあたっては、低周波音の物的影響を調べるときには屋外で測定し、身体的影響を調べるときには屋内で原則として窓を閉めて測定することになっています（「低周波音問題対応の手引書」（以下、「手引書」）に明記されています）。

(2) 消費者庁の報告書

　消費者庁は、低周波音に関する「消費者安全法第 23 条第 1 項の規定に基づく事故等原因調査報告書」を 2 通公表しています。

　1 つは、「家庭用ヒートポンプ給湯機から生じる運転音・振動により不眠等の健康症状が発生したとの申出事案」（2014 年 12 月 19 日付）です。前掲（53 頁）の一覧表にあるとおり、家庭用ヒートポンプ給湯器というのはエコキュートのことです。

　もう 1 つは、「家庭用コージェネレーションシステムから生じる運転音により不眠等の症状が発生したとされる事案」（2017 年 12 月 21 日付）というものです。家庭用コージェネレーションシステムとは、エネファームとエコウィルのことです。

　どちらの報告書も、家庭用ヒートポンプ給湯器や家庭用コージェネレーションシステムから発生する低周波音によって、人に身体的影響が生じることがありうるという見解を述べています。

　そして、特に後者の報告書で注目されるのは、低周波音の測定値が環境省の示している参照値に達していなくても、それより低い数値である感覚閾値に達していれば、低周波音による身体的な影響が生じうるという見解を述べ

第 3 章　低周波音

ているということです。

　前述した参照値というのが、低周波音が人に身体的影響を与える可能性のあるレベルであるのに対して、感覚閾値は、低周波音が人に感知されるレベルです。したがって、一般的には感覚閾値のほうが低いレベル（つまり小さい音）です。

　感覚閾値については国際規格 ISO389-7 というものがあって、それが用いられます。以下に、参照値と感覚閾値とを並べて書いた表をのせます。

図表 3-5　参照値と感覚閾値

1/3 オクターブバンド中心周波数（Hz）	10	12.5	16	20	25	31.5	40	50	63	80	100	125
参照値（1/3 オクターブバンド音圧レベル（dB））	92	88	83	76	70	64	57	52	47	41	－	－
感覚閾値（同上）（dB）	－	－	－	78.1	68.7	59.5	51.1	44.0	37.5	31.5	26.5	22.1

出典：筆者作成。

　この表によると、20Hz のバンドだけは参照値よりも感覚閾値のほうが大きい数値ですが、25Hz 以上では感覚閾値よりも参照値のほうが大きいです。

　10Hz から 16Hz までのバンドについては、感覚閾値は設定されていません。逆に、100Hz と 125Hz の 2 つのバンドについては参照値がありません。これは、前述したとおり、低周波音の領域は 80Hz 以下のバンドとされるからなのですが、消費者庁の 2017 年の報告書は、エネファームやエコウィルについては、100Hz や 125Hz のバンドの音によって身体的影響が生じることがありうるということを述べています。

（3）環境省の「低周波音問題対応の手引書」と消費者庁の報告書についての注意点

①参照値は規制基準ではない

　参照値は規制基準や要請限度、あるいは対策目標値ではありません（手引

書に明記されています）。

②移動発生源には適用されない

　手引書には、手引書及び参照値は、固定発生源（ある時間連続的に低周波音を発生させる固定された音源）から発生する低周波音に適用されるもので、交通機関等の移動音源や発破・爆発等からの低周波音苦情には適用しないと明記されています。

　また、消費者庁の報告書は、固定発生源について調査したものなので、移動発生源からの低周波音は対象外です。

③測定値が参照値より低くても、身体的被害の発生可能性はある

　環境省は、手引書の中で、低周波音の測定値が「心身に係る苦情に関する参照値」に達していなくても、低周波音による身体的影響が生じることはありうるということを明記していますし、その旨の注意喚起をする文書を各地方公共団体に対して複数回発したことがあります。

（4）低周波音の測定

　低周波音の測定をするということは、1/3オクターブバンドの各バンドのうちで低周波音の領域のバンドについて、それぞれの音圧レベルを測定するということです。これを1/3オクターブバンド周波数分析といいます。

　騒音計の中には、1/3オクターブバンド周波数分析による低周波音測定ができるものがあります（35頁で述べたとおり、検定に合格しており、検定の有効期間が切れていない騒音計を使用する必要があります）。

　また、低周波音の測定方法については手引書に説明があるほか、環境庁（当時）が2000年10月に公表した「低周波音の測定方法に関するマニュアル」（59頁の注22）に詳しく説明されています。

第 3 章　低周波音

5　体感調査

（1）体感調査の重要性

　環境省の手引書は、ある人に生じている身体的症状が低周波音の影響によるものかどうかは、低周波音の測定値が参照値を超えているかどうかということだけでなく、体感調査をも行って判断すべきであるという考えを示しています。なお、手引書では「体感調査」という用語は使われていないのですが、消費者庁の報告書ではこの用語が使われていますし、この調査（実験）のことを一言で表すのに便利な言葉ですので、この言葉を使います。

　体感調査というのは、低周波音の発生源ではないかと疑われている機械等を、苦情者にはわからないように稼働させたり停止させたりし、苦情者が低周波音の変化を感知できるかどうかを調べる調査のことです。これは前述したとおり、低周波音によって身体的影響が生ずるのは、本人が低周波音を感知している場合に限られるというのが定説ですので、本人が低周波音を感知しているかどうかを調べるために行うわけです。

　苦情者にはわからないように、というのは、機械の稼働と停止をどのタイミングで行うかを知らせない、ということで、測定及び体感調査を行うということ自体は苦情者に知らせた上で実施します。というのは、体感調査をするためには、本人に、今は低周波音を感じるとか、感じないとか、今は苦しいとか楽だとかいうことを述べてもらわないといけないからです。そのような本人の反応と、低周波音の測定値の変化とを照らし合わせて、本人が低周波音を感知しているかどうかを分析するわけです。

　低周波音の身体的影響を検討するにあたっては、参照値や感覚閾値といった数値よりもむしろ体感調査のほうが重要であるともいえます。なぜなら、参照値や感覚閾値は統計的な数値であって、参照値を下回るレベルの低周波音であっても人に身体的影響が生じる可能性がありますし（前述したとおり、このことは環境省自身が認めています）、感覚閾値は平均値ですから、理論的には、半数の人が感覚閾値を下回るレベルの低周波音を感知できるからで

63

す。

　したがって、重要なのは、低周波音の測定値が参照値や感覚閾値を超えているかどうかよりも、苦情者自身が低周波音を感知しているかどうかであって、それを明らかにするのが体感調査です。

（2）体感調査の結果、苦情者は低周波音を感知していないことが判明した場合

　では、体感調査の結果、苦情者は、問題となっている機器から発生する低周波音を感知してはいないと思われる場合には、どう考えればよいでしょうか。

　この場合には、苦情者に発生している身体的症状（被害）の原因は本人の体の内部にあると考えるべきであり、具体的には、耳鳴りを疑うべきであるといわれています。このことは環境省の手引書にも書いてあります。

　耳鳴りによって低周波音と同様の症状が起こり得るのはなぜかといいますと、耳鳴りとは、客観的には音が存在しないのに、聴覚器官の異常によって、音が存在するかのように脳が錯覚する現象です。実際に低周波音が存在し、それが聞こえている場合と、実際には低周波音が存在しないのに、存在するかのように聞こえる耳鳴りがある場合とでは、脳にとっての感じ方は全く同じで、区別できないと考えられます。

　そうすると、前述したとおり、低周波音による身体的影響は、人が低周波音を感知して嫌だと思うこと及びそのことによって生じるストレスがその人の体に作用することによって発生しますので、低周波音と全く同様に聞こえる耳鳴りがある場合に、その耳鳴りによって、低周波音によるのと同様の不快感やストレスが生じ、そのために身体的影響が生じてもおかしくありません。

　また、消費者庁の 2017 年の報告書の中にも、消費者庁が調査した案件の中で、身体的症状の原因はエコキュートやエネファームなどからの低周波音ではない、と消費者庁が判断している事例もあります。

　このように、低周波音による身体的被害が主張される事案であっても、必

64

ずしもすべて低周波音が原因とは限らず、その人の思い違いの場合もある（具体的には、その人の耳鳴りが原因である場合がある）ということは念頭に置いておく必要があります。

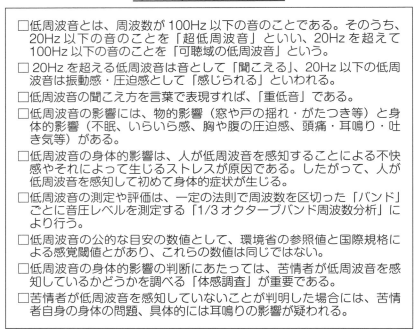

第3章のポイント

チェックリストで確認

- □ 低周波音とは、周波数が100Hz以下の音のことである。そのうち、20Hz以下の音のことを「超低周波音」といい、20Hzを超えて100Hz以下の音のことを「可聴域の低周波音」という。
- □ 20Hzを超える低周波音は音として「聞こえる」、20Hz以下の低周波音は振動感・圧迫感として「感じられる」といわれる。
- □ 低周波音の聞こえ方を言葉で表現すれば、「重低音」である。
- □ 低周波音の影響には、物的影響（窓や戸の揺れ・がたつき等）と身体的影響（不眠、いらいら感、胸や腹の圧迫感、頭痛・耳鳴り・吐き気等）がある。
- □ 低周波音の身体的影響は、人が低周波音を感知することによる不快感やそれによって生じるストレスが原因である。したがって、人が低周波音を感知して初めて身体的症状が生じる。
- □ 低周波音の測定や評価は、一定の法則で周波数を区切った「バンド」ごとに音圧レベルを測定する「1/3オクターブバンド周波数分析」により行う。
- □ 低周波音の公的な目安の数値として、環境省の参照値と国際規格による感覚閾値とがあり、これらの数値は同じではない。
- □ 低周波音の身体的影響の判断にあたっては、苦情者が低周波音を感知しているかどうかを調べる「体感調査」が重要である。
- □ 苦情者が低周波音を感知していないことが判明した場合には、苦情者自身の身体の問題、具体的には耳鳴りの影響が疑われる。

【コラム1－風力発電の風車の音】

　風力発電の風車から発生する音による近隣住民への影響について、かつては、低周波音という面から問題にされました。

　しかし、現在、環境省は、風車の音は低周波音ではなく一般の騒音として扱うとしています。

　環境省の「風力発電施設から発生する騒音等への対応について」（2016年11月）（https://www.env.go.jp/content/900507728.pdf）によれば、

①風車騒音は、20Hz以下の超低周波音の問題ではなく、可聴周波数範囲の騒音の問題（20～100Hzの可聴域の低周波音も含む）としてとらえるべきであり、A特性音圧レベルでの評価を基本とすることが適当である。

②風車騒音の評価の目安を（A特性音圧レベルによる）、残留騒音＋5dBとする。

とされています。なお、残留騒音とは、ある場所における総合的な騒音から、明確に識別できる騒音（特定騒音）をすべて除いたあとに残る騒音のことをいいます。

　上記のとおり、20～100Hzの可聴域の低周波音も含む騒音の問題とされていますが、A特性音圧レベルで評価するということは、20～100Hzの周波数の音についても、低周波音ではなく騒音として扱うことを示すものです。

　また、環境省によれば、低周波音に関する参照値は風力発電の風車の音には適用しないとされています（環境省ウェブサイトの「低周波音問題に関するQ&A」のQ9（http://www.env.go.jp/air/teishuha/qa/#09）。

【コラム2－水中の音による水中生物への影響】

音の説明のところで述べたとおり、音は水中でも伝わります。このため、魚等の水中生物について、人と同じように騒音の影響があるのではないかということが問題とされます。

この点については、騒音によって水中生物の健康に悪影響があるという研究が多数公表されており、悪影響があることは間違いないようです。具体的には、水中生物が騒音を聞かされることによってストレスが生じ、そのストレスによって悪影響が生じるとされています。

前頁で述べた風力発電の風車について、住民への影響を避けるために海上に建設する例がありますが、海上の風車から発生する音によって近隣の海域に住む魚等に悪影響が生じ、漁業に打撃が生じるのではないかと心配する声もあります。

第4章

振動

1 振動の意義と発生源

(1) はじめに…騒音と振動

　第2章で、騒音について「『空気の振動』と表現することもできます」と書いたとおり、騒音と振動は、物理現象としての性質が類似しています。また、法令による規制の面でも、騒音と振動は共通点が多数あります。

　他方、騒音と振動には重要な相違点もあります。

　したがって、振動について学ぶ際には、常に振動と騒音の共通点と相違点とを意識することが大切です。

(2) JIS による振動の定義

　振動規制法等の法令には、振動の定義はありません。そこで、公的な権威のある振動の定義として、JIS（日本産業規格）を調べると、JIS B 0153（機械振動・衝撃用語）において、振動は、「ある座標系に関する量の大きさが平均値より交互に大きくなったり小さくなったりするような変動。通常は時間的変動である。」「機械系の運動又は位置を表す量の大きさが平均値又は基準値よりも大きい状態と小さい状態とを交互に繰り返す時間的変化。」と定義されています。

(3) 日常用語による振動の説明

　もう少し日常的な用語で振動について説明した文章としては、「振動とは、固体や流体が揺れ動く物理現象を意味しており、地盤や構造物に何らかの力が作用したときなどに生じる周期的な位置変化の現象である。」[23] というものがあります。

23　公益社団法人日本騒音制御工学会編／振動法令研究会著『振動規制の手引き―振動規制法逐条解説／関連法令・資料集』（2003 年）技報堂出版、139 頁

第 4 章　振動

（4）振動の発生源

　主要な振動の発生源としては、工場・事業場（機械プレス、鍛造機等）、
建設作業（デーゼルハンマ、ブルドーザ、大型ブレーカ等）、道路交通、鉄
道（新幹線鉄道及び在来鉄道）があります[24]。

24　前掲注 14・351 頁

2　振動の性質の表し方

（1）周波数

　質点（大きさがなく、質量を持つ点）が1回振動するのにかかる時間を周期（T）、1秒あたりの振動回数（f）を周波数または振動数（単位はヘルツ＝Hz）といい、T=1/fという関係が成り立ちます。

　現実に存在する振動は、多くの場合、異なる周波数成分を含む複合振動です（騒音と同じです）。

（2）振動の大きさの表し方の概略

　振動の大きさの表し方の基本的な考え方は、騒音と同じです。

　第2章で述べた騒音の大きさの表し方の概略を再度述べると、出発点は音圧（空気の圧力変化の物理的な大きさ。単位はパスカル（Pa））であり、最小可聴値の音圧を基準として、それと問題の音（大きさを表したい音）の音圧を比較するという手法で、対数表示によって問題の音の大きさを表します。それが音圧レベル（単位はデシベル（dB））です。そして、音圧レベルを人の聴覚に合わせて補正した値であるA特性音圧レベル（または騒音レベル。単位は音圧レベルと同じくデシベル（dB））によって騒音の大きさを表します。

　振動の大きさの表し方も、基本的な考え方は騒音と同じです。ただし、振動の場合の出発点（騒音における音圧に該当するもの）は加速度です。

第 4 章 振動

図表 4-1 正弦振動の時間変化

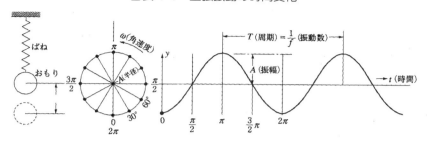

出典：公害防止の技術と法規編集委員会編「新・公害防止の技術と法規 2010　騒音・振動編」（2010 年）一般社団法人産業環境管理協会、195 頁

　振動は、図表 4-1 の左端のばねとおもりにおいて、ばねにつながれた重りがばねの伸び縮みによって上下に運動している状態として表すことができます。

　このとき、おもりの変位（おもりの上下方向の位置）を、静止状態のときの位置を 0、静止状態のときより上（つまり、ばねが縮んでいる状態）を＋（プラス）、0 より下（ばねが伸びている状態）を－（マイナス）として表すことにし、変位とおもりの速度及び加速度の関係を表すと、以下のようになります。

図表 4-2　おもりの変位、速度、加速度の関係

	おもりが最も上にある（ばねが最も縮んでいる）瞬間	おもりが下方向に運動している状態で、静止状態のときと同じ位置に来た瞬間	おもりが最も下にある（ばねが最も伸びている）瞬間	おもりが上方向に運動している状態で、静止状態のときと同じ位置に来た瞬間
おもりの変位	＋の最大値	0	－の最大値	0
おもりの速度	0	－の最大値	0	＋の最大値
おもりの加速度	－の最大値	0	＋の最大値	0

※変位の単位は m、速度の単位は m/s、加速度の単位は m/s^2

出典：筆者作成。

このように、おもりは、変位と速度と加速度がそれぞれ変化しながら上下に運動しているので、振動の大きさを表すための量としては変位、速度、加速度の3種類が考えられます。それらのうちのどれを使えばよいかは、一義的には決められません。分野・目的・場合により、どれかを使うことになります。

公害振動に関しては、現在は加速度（振動加速度と呼ばれます）を使うことになっています。これは、理論的に正しいからというわけではなく、1つの約束事です。かつては、変位や振動速度が公害振動の規制のために用いられていたこともありますが、振動加速度が人の感覚反応との対応がよいことから、これが用いられるようになりました。

(3) 振動の大きさの表し方
①振動加速度レベル

騒音と同様に、公害振動や人体振動についても、log（対数）を用いて基準値との関係を表した数値によって、振動の大きさを表します。それを振動加速度レベルといい、単位は騒音と同じくデシベル（dB）です。

振動加速度レベルの定義式は、

$$\mathrm{La} = 20 \log_{10} \frac{a}{a_0} \, (\mathrm{dB})$$

です。

ここで、

a：振動加速度の実効値（単位は m/s^2）（注）

La：振動加速度の実効値が a（m/s^2）の場合の振動加速度レベル（単位は dB）

a_0：dB の基準となる一定値であり、$a_0 = 10^{-5}$（m/s^2）

です。

（注）実効値
振動加速度は一定の値ではなく、常に変動しているため、その大きさを表すために用いられる一定の値が実効値です。それは、振動加速度の最大値の $1/\sqrt{2}$（＝およそ70%）です（騒音の場合の実効値と同様です）。

第 4 章　振動

音の場合と比較してみると、音圧レベルの定義式は、

$$L_P = 20 \log_{10} \frac{P}{P_0} \text{(dB)}$$

P：音圧（音圧実効値）。単位はパスカル（Pa）

L_p：音圧が P（Pa）の場合の音圧レベル。単位はデシベル（dB）

P_0：dB の基準となる一定値（最小可聴値）であり、$P_0 = 2 \times 10^{-5}$（Pa）
ですから、形は全く同じで、基準の値が、音圧レベルの定義式では 2×10^{-5}
だったのが、振動加速度レベルの定義式では 2 のつかない単なる 10^{-5} であ
るところが違うだけです。

②振動レベル

　①で述べた振動加速度レベルの定義式がそのまま振動に対する人の感覚を
示すわけではなく、さらに補正が必要です。騒音と同様に、振動についての
人の感じ方は周波数によって異なるからです。

　そこで、①の定義式により物理的に計算した振動加速度レベルに対して、
人の振動感覚に基づく補正を行った数値を振動レベルと呼びます。単位は振
動加速度レベルと同じくデシベル（dB）です。

75

3 振動に関する知識

(1) 振動計の検定

　騒音計と同様に、振動計についても、検定に合格しており、かつその検定の有効期間内である振動計で測定したデータでなければ、取引または証明のために用いることはできません（計量法 16 条 1 項）。

　検定は、一般財団法人日本品質保証機構によって有償で行われます。振動計の検定の有効期間は 6 年間です。

(2) 振動と騒音の相違点

　振動と騒音とは共通点が多いのですが、以下のとおり、異なる点もいくつかあります。

①鉛直振動と水平振動

　騒音（特に空気中の騒音）は、ある定まった点における空気の圧力変化という現象であり、方向のない大きさのみの量です。これをスカラー量といいます。

　これに対して、振動の場合は、変位、速度、加速度のいずれの量についても、大きさだけでなく方向も持つ量です。これをベクトル量といいます。

　したがって、公害振動でも、鉛直（たて）方向の振動と水平（よこ）方向の振動のそれぞれについて変位、速度及び加速度を考える必要があります。

　ただ、振動規制法では、鉛直方向の振動だけが規制の対象とされます。これは、一般に地表振動では鉛直振動のほうが水平振動よりも大きいものが多く、また公害の対象となる振動の周波数帯域では、人は水平振動よりも鉛直振動をより強く感じるとされていることによります。

②振動は家屋内で増幅する

　第 2 章で述べたとおり、屋内の騒音は、屋外の騒音に比べて、窓を開け

た状態で約 10dB、窓を閉めた状態で約 25dB 減衰するとされます。

　振動は、これとは逆に、家屋によって差はありますが、平均的には家屋内では増幅するとされます。

　この点に関して、振動規制法の制定にあたって中央環境審議会が整理したデータによると、木造家屋において、地表面の振動と屋内の板の間における振動との関係は、減衰するものから最高 15dB 程度増幅するものまであったが、平均的には木造家屋における振動増幅量の目安としては＋5dB 程度である（つまり、屋内では屋外に比べて 5dB 程度増幅する）と考えられ、この考えに基づいて振動規制法等の規制基準が作られました。

③振動の定義に「不快な」という表現は入らない

　騒音に関しては、通常の生活環境において音は常に存在していることから、「不快な音」が騒音とされ、その中で音の大きさの大きいものが法令による規制の対象とされます。

　しかし、振動に関しては、一般の生活環境において、人は振動を感じないで生活しているのが通常です。したがって、「物体が揺れ動く現象のうちで不快なものが振動である」というような解釈は考えられません。

④人の振動に対する感覚

　騒音については、人の最小可聴値は 0dB です。これは、もともと最小可聴値を基準として dB を定めたので、当然のことです。

　これに対して、振動の場合には、人に感じられる最小の振動レベル（振動感覚閾値）はおよそ 55 ～ 60dB とされています。細かくいうと、50％の人が感じる振動レベルでおよそ 60dB、10％の人が感じる振動レベルでおよそ 55dB であるとされています。

　人が日常で感じる振動の程度の目安は以下のとおりです。

図表 4-3　振動の程度の目安

振動（dB）	振動の程度
90	家屋が激しく揺れ、すわりの悪いものが揺れる
80	家屋が揺れ、戸、障子がガタガタと音をたてる
70	大勢の人に感じる程度で、戸、障子がわずかに動く
60	静止している人だけ感じる
50	人体に感じない程度

出典：東京都環境局環境政策部環境政策課「東京都環境白書 2010」100 頁。

第4章　振動

4　振動により生ずる被害

　振動の影響（被害）は、心理的影響、生理的影響及び物的影響の３つに分けられます。

（1）低周波音の影響と振動の影響とが混同される可能性

　振動の影響の説明に入る前に、非常に重要なことがあります。それは、振動の被害を訴える人がいる場合に、実際にはその人は振動でなく低周波音による影響を受けている場合が少なくない、ということです。

　第３章（54頁）で述べたとおり、低周波音の被害は、圧迫感・振動感として訴えられることが多いのですが、しばしば、そのような圧迫感・振動感を、「振動」と表現する人がいます。

　振動は床、壁、机等の形のある「物体」が揺れ動く現象であるのに対して、低周波音は「音」ですから、空気が揺れ動く現象であり、両者は、物理的にははっきり区別されます。しかし、人にとっては、低周波音と振動とは感覚的に区別しにくい場合があるようです。

　したがって、振動の苦情を受けた場合には、間違いなく（低周波音でなく）振動であることを確認するため、その振動についての客観的な証拠、すなわち振動計による測定結果を求めるべきです。

（2）心理的影響

　振動の心理的影響とは、振動を知覚することによる不快感や煩わしさ、あるいは耐え難いといった感情です。

　人が振動を知覚する経路は、①振動受容器（全身に分布している、外からの振動刺激を受け取る知覚神経の終末）によって感知する、②視覚的に感知する（たとえば、電灯や金魚鉢の水面の揺れを見ることによる）、③聴覚的に感知する（戸、障子やたんすの取手等がガタガタ鳴るのを聞くことによる）、といったものがあります。

　振動の心理的影響は、このようないくつかの感覚を含めた総合的な振動感

79

覚として認識されるものです。

　前述したとおり（77頁）、振動感覚閾値はおよそ55〜60dBとされており、また家屋内の増幅は平均5dBと考えられるので、振動感覚閾値は、地表面での値では50〜55dBということになります。

　一方、「振動をよく感じる」という訴え率は、地表面での値で60〜65dB（すなわち、振動感覚閾値を10dB程度上回る値）のときに30％になるとされています。

　乗り物の中での振動は70〜90dB以上にもなりますが、もともと乗り物には振動があるものと認識されているために、苦情はほとんど発生しません。

（3）生理的影響

　生理的影響とは、人体に振動が加わった場合に循環器、呼吸器、消化器、内分泌系などに変化が現れることです。

　睡眠妨害を除いて、これらが現れるのはおおむね振動レベルで90dB以上（家屋の増幅を5dBとすれば、地表の値に換算すると85dB以上）とされています。

　通常の公害振動ではこれより低い振動が問題になることが多いので、生理的影響のほとんどは睡眠妨害です。

　睡眠への影響については、以下の実験的研究結果が示されています。

図表4-4　振動が睡眠に及ぼす影響

補正加速度レベル （振動台上）（dB）	睡眠に及ぼす影響
60	ほとんど影響はみられない。
65	睡眠深度（以下深度という）1の場合は過半数が覚醒するが、深度2以上の場合は影響がみられない。
69	深度1の場合はすべて覚醒し、深度2以上では影響は小さい。

第 4 章　振動

| 74 | 深度 1、2 とも覚醒する場合が多く、深度 3 ではほとんどが覚醒せず多少眠りが浅くなる。 |
| 79 | 深度 1、2 ともすべて覚醒し、深度 3 に対する影響は 74dB よりは強い。 |

（注 1）睡眠深度は、浅いほうから順に「覚醒」「1」「2」「3」です。
（注 2）この実験は振動台上（屋内）で行われたものですので、地表の値としては、表の値から 5dB 減じる必要があります。

出典：中央公害対策審査会第 17 回騒音振動部会振動専門員会報告資料「工場、建設作業、道路交通、新幹線鉄道の振動に係る基準の根拠等について」（1976 年 2 月 28 日）表－3 を基に筆者作成。

（4）物的影響

　物的影響とは、振動により建て付けが狂ったり、壁などにひびが入ったりするなどの、家屋等の構造物に対する物理的な被害です。

　地震対策等の面から実施された調査研究などからは、構造物に物的被害を生じるのはほぼ 85dB 以上の振動といわれています。

　しかし、公害振動では、長期にわたり高い頻度で振動が加わることから、地震のような一過性の影響をそのまま公害振動に適用することはできません。

　環境庁（当時）が行った住民反応調査によると、70dB 程度で建て付けが狂うなどの被害が生じており、これらのことから考えると、長期にわたり振動にさらされる公害振動の場合に被害が生じない限界は、ほぼ 70dB とするのが適切と考えられています。

5　振動規制法による振動の規制

　振動規制法による振動の規制は、おおむね騒音規制法による騒音の規制と同じ内容であると理解して問題ありません。一部に異なる点もありますが、それについては該当部分で注記します。

　なお、騒音と異なり、振動については環境基準というものは存在しません。第2章（39頁）で述べたとおり、環境基本法上、環境基準を定めるものとされているのは大気汚染、水質汚濁、土壌汚染及び騒音の4種類の公害であり、振動は含まれていないためです（同法16条）。

（1）規制対象となる振動

　規制対象は、工場及び事業場の振動、建設工事の振動、道路交通振動の3種類の振動です。

　これらのうち、道路交通振動については性質が特殊で、振動を発生させる者に対する規制ではありませんので、以下の記述では省きます。

（2）規制対象地域

　規制されるのは、都道府県知事（市の区域については市長）が指定する「指定地域」内に限られます。

（3）規制の内容
①工場や事業場の振動

　工場や事業場の振動は、事前規制と事後規制の2つの方法によって規制されます。

　事前規制として、「特定施設」（著しい振動を発生する施設であって政令（振動規制法施行令）で定めるもの）を設置する者は、事前に市町村長（東京都の特別区では特別区の長）に届け出る義務があります。特定施設とは、金属加工機械、圧縮機、織機等の施設です。

　この届出に対して、市町村長は、発生する振動が規制基準に適合しないこ

第4章　振動

とにより周辺の生活環境が損なわれると認めるときは、事前に振動防止の方法等について計画変更の勧告を行うことができます。勧告に従わない者に対しては勧告に従うべきことを命ずることができ、その命令に従わない者には罰則があります。

　次に事後規制として、特定工場等（特定施設を設置した工場または事業場）を設置している者は、当該特定工場等に係る規制基準を遵守しなければなりません。その違反に対しては、市町村長が改善勧告や改善命令を発することができ、改善命令に従わない者には罰則があります。

　なお、騒音と同じく、規制基準は、特定施設だけでなく、当該特定工場等全体に対して適用されます。

　規制基準（地域、時間帯及び規制値の定め）は、環境大臣が定める範囲内で、都道府県知事（市の区域については市長）が定めます。環境大臣が定める範囲とは、「特定工場等において発生する振動の規制に関する基準」（環境庁告示）によって、地域と時間帯をそれぞれ2種類に区分して（第1種区域と第2種区域、昼間と夜間）、以下のように定められています。

　測定場所は、特定工場等の敷地の境界線上です。

図表 4-5　区域区分ごとの振動の規制基準

	昼間	夜間
第1種区域	60dB 以上 65dB 以下	55dB 以上 60dB 以下
第2種区域	65dB 以上 70dB 以下	60dB 以上 65dB 以下

（注1）第1種区域と第2種区域
　　　第1種区域：良好な住居の環境を保全するため、特に静穏の保持を必要とする区域及び住居の用に供されているため、静穏の保持を必要とする区域
　　　第2種区域：住居の用に併せて商業、工業等の用に供されている区域であって、その区域内の住民の生活環境を保全するため、振動の発生を防止する必要がある区域及び主として工業等の用に供されている区域であって、その区域内の住民の生活環境を悪化させないため、著しい振動の発生を防止する必要がある区域
　　　（ただし、必要があると認める場合には、それぞれの区域をさらに2区分することができる）

83

（注2）昼間と夜間
昼間：午前5時、6時、7時または8時〜午後7時、8時、9時または10
時まで
夜間：午後7時、8時、9時または10時〜翌日の午前5時、6時、7時また
は8時まで

　騒音規制法では、区域は4種類、時間帯は3種類に分けられていますの
で（第2章（44頁））、上記の振動規制法の区分は、騒音規制法に比べると
簡素な分け方ですが、上記のとおり、区域は騒音規制法と同じ4区分にす
ることもできます。

　環境省告示によれば、振動の測定は、計量法71条の条件に合格した振動
レベル計を用い、鉛直方向について行います。

　振動レベルの決定方法は以下のとおりです。

①測定器の指示値が変動せず、または変動が少ない場合は、その指示値とす
　る。

②測定器の指示値が周期的または間欠的に変動する場合は、その変動ごとの
　指示値の最大値の平均値とする。

③測定器の指示値が不規則かつ大幅に変動する場合には、時間率振動レベル
　（80％レンジの上端値）による。

　騒音の場合は90％レンジの上端値であるのに対して、振動は80％レン
ジの上端値である点が異なります。

②建設工事の振動

　「特定建設作業」（建設工事として行われる作業のうち、著しい振動を発
生する作業であって政令（振動規制法施行令）で定めるもの）を伴う建設工
事を施工する者について規制されます。

　政令では、くい打ち機を使用する作業、鋼球を使用して建築物その他の工
作物を破壊する作業等が特定建設作業として定められています。

　工場・事業場の振動と同様に、事前規制と事後規制がありますが、事前規
制について計画変更勧告の制度はありません。これは、建設作業は一時的な

ものであり、振動防止対策の標準化が困難との考えによるものです。

　また、事後規制については、規制の基準（振動規制法上は、建設作業振動の基準は「規制基準」とは呼ばれません）は環境大臣が全国統一の基準（敷地境界線において75dB）を定めていることや、振動の大きさだけでなく、作業時刻や作業時間、作業日数や休日作業についての定めもあることなどが工場・事業場の振動の規制と異なります。

③条例による規制との関係

　条例による規制に関して、第2章で述べた騒音規制法と同趣旨の規定があります。

　騒音と同様に、発生源を問わずに一般的に振動を発生させる行為を規制している条例があり、東京都の環境確保条例はその例です。

85

チェックリストで確認 **第4章のポイント**

□振動とは、固体や流体が揺れ動く物理現象を意味しており、地盤や構造物に何らかの力が作用したときなどに生じる周期的な位置変化の現象である。

□振動を学ぶ際には、騒音との異同を意識することが効率的である。

□振動の大きさは、振動加速度について対数を使って基準値との関係を表した「振動加速度レベル」を人の振動感覚に基づいて補正した「振動レベル」という数値によって表す。単位は騒音と同じくデシベル（dB）である。

□振動は、騒音とは異なり、大きさだけでなく方向も持つ量（ベクトル量）である。

□振動規制法では、鉛直方向（たて方向）の振動のみが規制対象とされる。

□人に感じられる最小の振動レベル（振動感覚閾値）は55〜60dBである。

□振動の被害が主張されるときに、実際には振動でなく低周波音の被害であることがある。

□振動の被害には、心理的影響、生理的影響及び物的影響の3つがある。

□振動規制法による振動の規制は、工場及び事業場の振動、建設工事の振動、道路交通振動の3種類の振動について行われている。

□振動規制法による振動の規制内容は、おおむね騒音規制法による騒音の規制と同様である。

第4章　振動

【コラムー振動と低周波音を見分ける方法】

　本文で述べたとおり、振動の影響が主張されるときに、実際には低周波音の影響であることがあります。

　どちらであるかを比較的簡便に判別する方法として、水を入れたコップ等を床や机の上などに置いてみるという方法があります。

　人に感知されるレベルの振動が存在すれば、肉眼でわかる程度にコップの水が揺れ動きます。

　もちろん、振動の大きさを知るためには振動計で測定する必要があります。

第 5 章
悪臭

1 悪臭の意義

(1) 悪臭防止法上の表現（「不快なにおい」）

　法令に悪臭の定義条項はありません。ただ、悪臭防止法には、以下のとおり、「不快なにおい」という表現が３回出てきます（下線は筆者）。

・2条1項

　　この法律において「特定悪臭物質」とは、アンモニア、メチルメルカプタンその他の<u>不快なにおい</u>の原因となり、生活環境を損なうおそれのある物質であつて政令で定めるものをいう。

・8条1項

　　市町村長は、規制地域内の事業場における事業活動に伴つて発生する悪臭原因物の排出が規制基準に適合しない場合において、その<u>不快なにおい</u>により住民の生活環境が損なわれていると認めるときは、当該事業場を設置している者に対し、相当の期限を定めて、その事態を除去するために必要な限度において、悪臭原因物を発生させている施設の運用の改善、悪臭原因物の排出防止設備の改良その他悪臭原因物の排出を減少させるための措置を執るべきことを勧告することができる。

・10条1項・3項

　　規制地域内に事業場を設置している者は、当該事業場において事故が発生し、悪臭原因物の排出が規制基準に適合せず、又は適合しないおそれが生じたときは、直ちに、その事故について応急措置を講じ、かつ、その事故を速やかに復旧しなければならない。

　（2項は省略）

第5章　悪臭

> 3　市町村長は、第一項の場合において、当該悪臭原因物の<u>不快なにおい</u>により住民の生活環境が損なわれ、又は損なわれるおそれがあると認めるときは、同項に規定する者に対し、引き続き当該悪臭原因物の排出の防止のための応急措置を講ずべきことを命ずることができる。

　これらの規定からは、「悪臭」とは「不快なにおい」を指すと理解するのが正しいように思われます。これは、社会常識にも合致します。

(2) 菓子製造工場のにおいが「悪臭」であるとした裁判例

　ところが、京都地判平成22（2010）・9・15（判例時報2100号109頁、判例タイムズ1339号164頁）は、菓子製造工場から発生するにおい（焦げたバターのにおい、ベビーカステラ、キャラメルコーン及びあんこ等の甘味臭）について、悪臭であるとして、その工場（被告）の原告ら（近隣住民）に対する損害賠償責任を認めました（悪臭の他に、騒音も損害賠償責任の根拠となっています）。

　上記のような菓子製造工場からのにおいは、「不快なにおい」とはいえないでしょう。したがって、この裁判例の判断は、上記の悪臭防止法上の表現とは相容れないようにも思われます。

(3) 環境省の見解

　この問題について環境省の見解を見ますと、以下のような説明があります。
①「臭気指数規制ガイドライン」[25]

　「通常悪臭とは言えないにおいでも、悪臭と感じる人がいれば、一般的には悪臭と言うことができる。」

25　環境省ウェブサイト「臭気指数規制ガイドライン」
　　https://www.env.go.jp/air/akushu/guide_ind/index.html

② 「悪臭苦情対応事例集」[26]

「なお、法（筆者注：悪臭防止法のこと）でいう悪臭とは、臭いの善し悪しに係わらず、生活環境を阻害していると認められる『におい』を対象としている。」

③ 「悪臭防止法　住みよいにおい環境を目指して」[27]

「『悪臭』とは何でしょうか？」という項目に、「『悪臭』とは、人が感じるいやなにおい、不快なにおいの総称です。一般的に、いいにおいと思われるにおいでも、強さ、頻度、時間によっては悪臭として感じられることがあります。また、においには個人差や嗜好性、慣れによる影響があります。そのため、ある人には良いにおいとして感じられても、他の人には悪臭に感じるということもあります。よく事業者は自社からのにおいに嗅ぎ慣れてしまっているので、そのにおいで困っている人がいることに気づきませんが、迷惑だと感じる人がいれば、そのにおいは『悪臭』なのです。」という説明があります。

　これらの説明を見ると、環境省は、悪臭防止法の表現や社会常識的な解釈とは異なり、いやなにおい（不快なにおい）ではなくても、「悪臭」に該当することがある、という解釈をとっているようです。そして、前述の京都地判平成22（2010）・9・15も環境省と同じ見解に立っているということになります。

(4) まとめ

　以上からすると、「悪臭」とは必ずしも「不快なにおい、いやなにおい」には限定されない、つまり、悪臭防止法等による規制対象となるのは、「悪臭」

26　環境省ウェブサイト「悪臭苦情対応事例集」
　　https://www.env.go.jp/air/akushu/kujyou/index.html
27　環境省ウェブサイト「悪臭防止法　住みよいにおい環境を目指して」
　　https://www.env.go.jp/air/akushuu.pdf

というよりは「におい」である、と把握しておいたほうがよさそうです。

2 悪臭の発生源

　後述するとおり（96 頁以下）、悪臭防止法は、物質濃度規制と臭気指数規制という 2 とおりの規制方法を採用しています。前者は、類型的に悪臭を発生させる物質としてあらかじめ指定された 22 種類の物質（特定悪臭物質）の濃度について規制値を定める方法です。

　これらの特定悪臭物質については、主な発生源が環境省（旧環境庁）によって公表されています。それらを以下に示します（本来は特定悪臭物質ごとに発生源が示されていますが、そこまで記載するのは煩雑になりますので省きます）[28]。

　畜産農業、鶏糞乾燥場、複合肥料製造工場、でん粉製造工場、化製場、魚腸骨処理場、フェザー処理場、ごみ処理場、し尿処理場、下水処理場、クラフトパルプ製造工場、セロファン製造工場、ビスコーレーヨン製造工場、水産かん詰製造工場、アセトアルデヒド製造工場、酢酸製造工場、酢酸ビニル製造工場、クロロプレン製造工場、たばこ製造工場、塗装工場、その他の金属製品製造工場、自動車修理工場、印刷工場、油脂系食料品製造工場、輸送用機械器具製造工場、木工工場、繊維工場、その他の機械製造工場、鋳物工場、スチレン製造工場、ポリスチレン製造工場、ポリスチレン加工工場、SBR 製造工場、FRP 製品製造工場、化粧合板製造工場、脂肪酸製造工場、染色工場、畜産事業場、畜産食料品製造工場、廃棄物処分場

28　公益社団法人におい・かおり環境協会編『ハンドブック悪臭防止法 六訂版』（2012 年）ぎょうせい、35 ～ 37 頁

第5章　悪臭

［3　悪臭の尺度と測定方法］

（1）においの強さを表す尺度

　においの強さを表す尺度について、臭気強度・臭気濃度・臭気指数という3つの用語があります。

①臭気強度

　臭気の強さを4段階、5段階などで示す尺度が臭気強度です。何段階に分けるかについてはいろいろな考え方があるのですが、日本では6段階が採用されており、6段階臭気強度表示法と呼ばれます。

　その6段階とは、以下のとおりです。

臭気強度　0　…　無臭
　　　　　　1　…　やっと感知できるにおい（検知閾値濃度）
　　　　　　2　…　何のにおいであるかがわかる弱いにおい
　　　　　　　　　（認知閾値濃度）
　　　　　　3　…　楽に感知できるにおい
　　　　　　4　…　強いにおい
　　　　　　5　…　強烈なにおい

　この中で重要なのは臭気強度1（検知閾値濃度）と臭気強度2（認知閾値濃度）で、前者は「何のにおいかはわからないが、何かのにおいがすることはわかる」というにおいであり、後者は「何のにおいであるかがわかる」というにおいです。

　臭気強度表示法は、この後説明する悪臭防止法において、規制基準を定めるための基本的な考え方として用いられています。

②臭気濃度

　臭気濃度は、においのある空気を無臭の空気で臭気が感じられなくなるま

95

で希釈したときの希釈倍数の数字です。たとえば臭気濃度 1000 といえば、臭気を 1000 倍に希釈した場合ににおいを感知できなくなるということです。

③臭気指数

臭気指数は、臭気濃度をもとにして算出する数字で、

臭気指数＝ $10 \times \log_{10}$（臭気濃度）

です。

この式には log（対数）が使われていますが、log については、第 2 章の騒音のところ（29 頁）で説明してありますので、御参照ください。

臭気濃度が 1000 のときには、臭気指数＝ $10 \times \log_{10}$（1000）であり、$\log_{10}$（1000）は 3 ですから、臭気指数は 30 です。

（2）においの測定方法（規制方法）

においの測定方法（規制方法）について、機器分析法・物質濃度規制と、嗅覚測定法・臭気指数規制の 2 とおりがあります（詳しい内容は悪臭防止法の説明のところ（99 頁以下）で述べます）。

①機器分析法・物質濃度規制

機器分析法というのは、悪臭の原因となる特定の物質（法令で具体的な物質が定められています）の濃度を機器で測定する方法です。この方法による悪臭の規制を物質濃度規制といいます。

②嗅覚測定法・臭気指数規制

嗅覚測定法とは、人の嗅覚を用いて、においを総体として（つまり、特定の物質に限定しないで）把握する方法で、この方法による悪臭の規制を臭気指数規制といいます。

第5章　悪臭

③２つの方式の相違点と評価

　機器分析法による場合には、あらかじめ定めた特定の悪臭原因物質が存在しない限り、どんなに強烈なにおいがしていても、全く評価できませんし、複数の原因物質の相乗効果によってにおいが強くなっている場合に、そのことを評価することができません。

　これに対して、嗅覚測定法は、悪臭の原因物質を問いませんので、においの原因がどんな物質であっても評価できますし、複数の原因物質による相乗効果を評価に組み込むことができます。

　先に引用した環境省の「臭気指数規制ガイドライン」を見ますと、「臭気指数規制の主な優位性」として、次のア～キが挙げられています。

ア　においはほとんどの場合、様々な物質（低濃度多成分）が混合した複合
　　臭として存在しており、このようなにおいの指標として適切であること。

イ　機器分析法と比べ高価な機器を必要としないこと。

ウ　機器分析法による規制は、特定悪臭物質を指定して行っているが、すべ
　　ての悪臭物質を指定するのは困難であり、物質濃度規制では未規制物質に
　　ついては対応できないこと。

エ　嗅覚測定法は、においそのものを人の嗅覚で測定するため、周辺住民の
　　悪臭に対する被害感（感覚）と一致しやすいこと。

オ　最近の悪臭苦情件数は、飲食店などのサービス業の割合が多く、複合臭
　　への対応が必要なこと。

カ　物質濃度規制では十分な規制効果が認められない業種が、立地する事業
　　場の９割以上を占めるとの実態調査結果もあり、物質濃度規制では対処
　　できにくくなっていること。

キ　実測データに基づく物質濃度と臭気指数から換算臭気強度を算出する
　　と、ほとんどの場合、臭気指数の換算臭気強度のほうが大きい結果となっ
　　た。また、今まで物質濃度で十分対応ができるとされた業種についても臭
　　気指数換算強度が上回った。このことから臭気指数は、人間の嗅覚に近く、
　　苦情により良く合致する指標であること。

そして、これに続けて、「このように臭気指数規制には、物質濃度規制と比較した場合には種々の優位性があり、また、実際の苦情形態からも臭気指数規制の必要性が高まっている。（中略）世界的には嗅覚測定法が主流となっている。」と述べられており、「臭気指数規制のほうが優れており、臭気指数規制を採用する自治体が増加することが望ましい」という趣旨に読めます（明言しているわけではありませんが）。

　したがって、今後、従来は物質濃度規制を採用していた地方公共団体が臭気指数規制に転換するということはあり得ますが、その逆が行われることはまずないと考えられます。

　ただ、現時点では物質濃度規制を採用している自治体も多数ありますので、問題となっている地域の自治体がどちらの規制方式を採用しているのかを、その自治体のウェブサイトを見たり、担当部署（担当部署の名称や連絡先も、その自治体のウェブサイトで調べることができます）に問い合わせたりして確認することが重要です。

第 5 章　悪臭

4　悪臭防止法や条例による悪臭の規制

（1）規制対象
①すべての事業者が対象である（においの発生源は問われない）

　悪臭防止法の規制対象となるのは、すべての事業者であり、においの発生源を問いません。この点は、騒音規制法や振動規制法と大きく異なります。

　他方、事業者でない一般人は対象外です。つまり、一般家庭から発生するにおいは規制対象ではありません。

②規制地域は限定されている

　規制地域は限定されており、都道府県知事（市の区域については市長）が規制地域を指定します。

（2）2つの規制方法（物質濃度規制と臭気指数規制）

　3で述べたとおり、においの測定方法・規制方法には機器分析法・物質濃度規制と、嗅覚測定法・臭気指数規制の2とおりがあり、都道府県知事（市の区域では市長）が、地域ごとにどちらの方法によるかを定めます。

　悪臭防止法上は、ある地域について両方の規制方法による規制が重複して適用されることはありませんが、悪臭防止法のほかに地方公共団体の条例や綱領等によっても悪臭の規制がされている場合には、ある地域について2種類の規制方法が重複して適用されることがあります。

（3）物質濃度規制の内容
①規制対象物質（特定悪臭物質）

　物質濃度規制において規制対象である22の物質（特定悪臭物質）の物質名は以下のとおりです。

　・アンモニア

99

- ・メチルメルカプタン
- ・硫化水素
- ・硫化メチル
- ・二硫化メチル
- ・トリメチルアミン
- ・アセトアルデヒド
- ・プロピオンアルデヒド
- ・ノルマルブチルアルデヒド
- ・イソブチルアルデヒド
- ・ノルマルバレルアルデヒド
- ・イソバレルアルデヒド
- ・イソブタノール
- ・酢酸エチル
- ・メチルイソブチルケトン
- ・トルエン
- ・スチレン
- ・キシレン
- ・プロピオン酸
- ・ノルマル酪酸
- ・ノルマル吉草酸
- ・イソ吉草酸

②規制基準

　具体的な規制基準の数値は、特定悪臭物質ごとに、都道府県知事（市の区域については市長）が、環境省令（悪臭防止法施行規則）の定める範囲内で指定します。この際、必要に応じて、１つの規制地域をいくつかに区分して定めなければならないとされています。

第5章　悪臭

③測定場所による3種類の基準

規制基準を定める場合には、a. 敷地境界線の地表における基準、b. 特定悪臭物質を含む気体で当該事業場の煙突等の気体排出施設から排出されるものの当該施設の排出口における基準、c. 特定悪臭物質を含む水で当該事業場から排出されるものの当該事業場の敷地外における基準、の3種類を定めなければなりません。ただし、aについてはすべての特定悪臭物質について定めることになっていますが、b及びcについては、環境省令（悪臭防止法施行規則）の定める一部の特定悪臭物質についてのみ定められます。a、b、cのうちではaが基礎的な規制基準であり、bとcはaの規制基準を達成するための排出基準です。

（4）臭気指数規制の内容

臭気指数規制が採用される場合には、環境省令（悪臭防止法施行規則）の定める範囲内で（具体的には、臭気指数が10以上21以下の範囲とされています）、都道府県知事（市の区域については市長）により、臭気指数によって規制値が定められます。

前述したとおり、臭気指数を定めるためにはまず臭気濃度を求める必要がありますが、この方法としては、三点比較式臭袋法が用いられます。これは、当該試料を順次高度に希釈していきながら、6人以上のパネル（においを嗅ぎ分ける検査員）に嗅いでもらい、問題のにおいを嗅ぎ分けられるかどうかを実験し、その結果に基づいて、あらかじめ定められた方法により臭気濃度を求め、そこからさらに臭気指数を求める、という方法です。

この規制値については、物質濃度規制と同様に、a. 敷地境界線の地表における基準、b. 特定悪臭物質を含む気体で当該事業場の煙突等の気体排出施設から排出されるものの当該施設の排出口における基準、c. 特定悪臭物質を含む水で当該事業場から排出されるものの当該事業場の敷地外における基準、の3種類を定めなければなりません。

101

(5) 条例による悪臭の規制

　悪臭防止法には、地方公共団体が、同法に規定するもののほか、悪臭原因物の排出に関し条例で必要な規制を定めることを妨げるものではないとの規定があり、現に多くの地方公共団体が悪臭を規制する条例を定めています。

　これらの条例の内容は、①類型的に悪臭を発生する施設を指定し、そのような施設を設置したり変更したりすることについて届出義務を課す、②悪臭防止法による規制については物質濃度規制が採用されているのに対し、条例で臭気指数規制を行う、③悪臭防止法に基づく規制地域以外の地域において条例による規制をする、④悪臭防止法の規制は事業場に対してのみなされる（前述）のに対して、条例により、事業者以外の者（つまり一般私人）に対しても規制をする、等です。

第 5 章　悪臭

5　悪臭の測定方法の特徴

　悪臭の測定方法については、前章までに述べてきた騒音・低周波音・振動の測定方法とはかなり異なる点があります。一言でいえば、騒音・低周波音・振動に比べて、悪臭の測定は難しいです。

（1）専門業者・専門家による必要がある

　騒音・低周波音・振動については、専門家あるいは専門業者でなくても、騒音計や振動計を使用して測定することができます（ただし、その測定結果を証拠として使用するためには、法律上の要件を満たした騒音計や振動計を使用する必要があります）。

　騒音のところで述べたとおり（35頁）、法律（計量法）は、測定に使用する機器についての要件は定めていますが、それを使用する人についての条件（有資格者でなければならない等）は定めていません。

　また、裁判所も、有資格者、専門業者あるいは専門家でなければ騒音等の測定ができないというような考えはとっていません。

　これに対して、悪臭については、機器分析法も嗅覚測定法も、有資格者（悪臭測定に関する国家資格は「臭気判定士」です）に依頼しなければなりません。

　このことは、空気を分析するという悪臭測定の手法の特質から当然のことであるともいえますが、分析対象の空気を採取すること自体も素人がやることはできず、有資格者でなければできないことになっています。

　このように、悪臭測定は、必ず有資格者に依頼しなければならないという点で、騒音・低周波音・振動の測定とは異なります。

（2）連続測定ができない

　騒音・低周波音・振動については、騒音計や振動計を数時間あるいは数日設置し、連続的に稼働させて測定データを記録して、後日その測定データを分析するという方法によって測定ができます。したがって、いつ発生するか

103

わからない騒音等を測定することも可能です。

　これに対して、悪臭は、機器分析法・嗅覚測定法のいずれについても、ある時点における空気を採集してそれを分析するという方法しかとれません。

　つまり、連続測定ということはできず、問題のにおいがしているときに空気を採取する必要があります。

（3）風の影響が大きい

　振動測定には風の影響はありません。

　一方、騒音や低周波音の測定には風の影響がありますので、特に屋外の測定では、騒音計のマイクロホンに風よけ（ウィンドスクリーン）をつけますが、これは、風の音を騒音計のマイクロホンが拾ってしまうのを防ぐためであり、音が伝わること自体が風によって妨げられるということは（きわめて強い風の場合にはあり得ますが）基本的にはありません。

　これに対して、悪臭の伝搬については、風速や風向の影響が非常に大きく、風速や風向によっては、問題になっている悪臭が全然伝わってこないこともあります。

　（1）で述べたとおり、空気を採取する作業は有資格者しかできませんので、せっかく有資格者（臭気測定の専門業者や専門家）に来てもらっても、来てもらったときに悪臭が発生していないために「空振り」になってしまうことがしばしばあります。このため、臭気測定の専門家や専門業者は、狙った悪臭が発生するまで、現場で何時間も待機することが珍しくないそうです。

　以上のとおり、悪臭の測定は騒音・低周波音・振動の測定に比べて難しいといえます。

104

第5章 悪臭

チェックリストで確認

第5章のポイント

□法令に「悪臭」の定義はないが、従来の裁判例や環境省の見解からすると、必ずしも「不快なにおい」に限らず、一般的に「におい」であれば「悪臭」になりうると理解したほうがよい。

□悪臭の尺度として、臭気強度・臭気濃度・臭気指数がある。

□悪臭防止法による悪臭の測定方法・規制方法には、機器分析法・物質濃度規制と、嗅覚測定法・臭気指数規制の2種類がある。

□機器分析法・物質濃度規制とは、法令で定められた悪臭の原因となる22の物質（特定悪臭物質）の濃度を機器で測定し、その数値によって規制する方法である。

□嗅覚測定法・臭気指数規制とは、人の嗅覚を用いて、においを総体として（特定の物質に限定せずに）評価した臭気指数によって規制する方法である。

□機器分析法・物質濃度規制と嗅覚測定法・臭気指数規制のどちらで規制するかは、都道府県知事（市の区域では市長）が地域ごとに定める。

□悪臭防止法による規制は、すべての事業者が対象であり、悪臭の発生源の種類・性質を問わない。この点で騒音や振動の規制と異なる。

□規制対象の地域については、都道府県知事（市の区域では市長）が定めた地域に限定される。

□臭気の測定は、①有資格者に依頼しなければならない、②連続測定ができず、ある時点における空気を分析することしかできない、③風に大きく影響される、といった点で、騒音や振動あるいは低周波音の測定よりも難しい。

【コラム－においセンサー】

　悪臭測定器（においセンサー）というものが販売されたりレンタルされたりしています。このにおいセンサーというものを、においがすることの証拠として使えないでしょうか。

　この問題について、筆者が専門業者に聞いたところでは、においセンサーはにおい以外の条件（湿度等）によって大きく影響されるので信用性に欠けるし、そもそも、においセンサーは、においの原因がわかっているときに、そのにおいが減少したかどうかを判別するために用いるものであって、においがすることの証拠として使うことはできないそうです。

　いずれにしても、においセンサーは、悪臭防止法の定める機器分析法と嗅覚測定法のどちらにも該当しないことは間違いありません。

第6章
苦情への対策

1 被害の主張に関する法律問題

(1) 被害者は何が主張できるか

　騒音、低周波音、振動あるいは悪臭（以下、これら４つをまとめて「騒音等」と呼びます）の被害を主張する人（以下「被害者」と呼びます）が、その被害を発生させている人（あるいは会社等の団体。以下「加害者」と呼びます）に対して法律上主張し得ることは、差止請求と損害賠償請求の２つです。

　差止請求は、被害の原因である騒音等をなくすことを求めるものですが、法律上は、騒音等の発生そのものをやめさせるとか、工場等の操業停止とか立ち退き等を求めるとかいったことまではできません。法律上被害者ができることは、一定のレベル（「〇dB」等、具体的な数値で示す必要があります）を超える騒音等を被害者の自宅内あるいは自宅敷地内に侵入させないことを求めることです。

　損害賠償請求は、被害者の被った損害を金銭によって補償することを求める請求です。

(2) 受忍限度論

　差止請求においても損害賠償請求においても問題になるのが、受忍限度論です。

　受忍限度論とは、「被害が生じていればすべて違法性を認めるのではなく、諸事情を考慮して被害が社会生活上受忍すべき限度（これが受忍限度です）を超えていると評価される場合に初めて違法性を認める法理」と整理できます。

　受忍限度論は、裁判実務上は確立された法理であり、最高裁も、最判平成６（1994）・3・24（判例時報 1501 号 96 頁、判例タイムズ 862 号 260 頁）において、「工場等の操業に伴う騒音、粉じんによる被害が、第三者に対する関係において、違法な権利侵害ないし利益侵害になるかどうかは、侵害行

108

第6章　苦情への対策

為の態様、侵害の程度、被侵害利益の性質と内容、当該工場等の所在地の地域環境、侵害行為の開始とその後の継続の経過及び状況、その間に採られた被害の防止に関する措置の有無及びその内容、効果等の諸般の事情を総合的に考察して、被害が一般社会生活上受忍すべき程度を超えるものかどうかによって決すべきである。」と述べ、受忍限度論を採用することを明言しています。

　差止請求も損害賠償請求も、それが認められるためには、加害者の行為に違法性が認められる必要があり、違法性が認められるためには、被害が受忍限度を超えている必要があります。

①受忍限度の判断材料・判断の性質

　前述した最高裁判例（最判平成6（1994）・3・24）が述べているように、受忍限度の判断は、客観的・画一的な基準があるわけではなく、さまざまな事情を考慮した上で総合的な見地から判断されるものです。それは、最終的には裁判所に判断してもらうしかありません。

　客観的・画一的な基準がないため、担当する裁判官の価値観や人生観などにも左右される面があります。したがって、具体的事案において、被害が受忍限度を超えるかどうかについて裁判所がどう判断するかを事前に予測するのは困難な場合が多いです。

②基準値の考慮

　受忍限度の判断がさまざまな事情を考慮した総合的な判断であるとはいっても、従来の裁判例を見ますと、一般的には、騒音等の測定値が法令上の基準値を超えているかどうかが重視されています。

　このことに関して注意すべきこととして、その基準値が当該事案に直接は適用されないものであっても、受忍限度の判断にあたっては考慮できるとされています（名古屋地判平成14（2002）・1・29…公刊物不登載。裁判所ウェブサイトの裁判例検索ページに掲載されている）。

109

③測定場所の問題

　法令で基準値（規制基準）が定められる場合には、必ず、測定すべき場所が定められています。

　騒音の規制基準であれば、敷地境界線上と定められていることが多いです。また、騒音の環境基準は、騒音が問題になっている建物の外で問題になっている側と定められています。このように、規制基準や環境基準は、屋外で測定することを前提に定められていることが多いです。

　このような、屋外での測定を前提とする基準値と比較するのに、屋内での測定値を用いるのは適切ではありません。なぜなら、騒音についていえば、どのような建物にも防音性能がありますので、屋外での測定を前提として定められた規制基準は、屋内ではもっと静かであることを前提として定められているからです（人の生活の本拠は屋内ですから、騒音等の被害は、人が屋内で生活している時に発生するものであることが前提です）。

④受忍限度は、被害者の視点ではなく、社会的見地から定められる

　前述した最高裁判例（最判平成6（1994）・3・24）において、「一般社会生活上受忍すべき程度を超えるものかどうか」という表現が用いられていることからわかるとおり、受忍限度の判断は、被害者の主観的な視点からではなく、社会的な見地からなされるものです。

⑤双方当事者の態度の考慮

　受忍限度の判断にあたっては、紛争に至るまでの経緯や、両者（被害者と加害者）の態度（誠意をもって交渉に応じる等の努力をしたか）が考慮されます。

　このことは、前述した最高裁判例（最判平成6（1994）・3・24）には述べられていませんが、下級審裁判例においては確立した法理です。

　たとえば、東京地判昭和54（1979）・2・27（判例時報918号46頁、判例タイムズ380号64頁）は、次のように、理由も含めてこの法理を明

110

言しています。

「本件の如く、近隣から発生する騒音等が紛争の原因となる場合には、騒音等を出す側にあつてはできるだけ隣人に迷惑のかからないよう方策を講じ、他方隣人としても忍ぶべきは忍んで無用の摩擦を避けるなど、互いに譲り合うことによつて紛争を回避ないし収拾することが最も望まれることである。従つて、本件騒音及び悪臭が前記受忍限度を超えているか否かを判断するにあたつては、前認定の騒音等の程度、発生時期などの考察にとどまらずに、更に本件紛争に至るまでの経緯と紛争解決についての両者の態度等もまた総合的に考察されなくてはならない。」

⑥受忍限度の立証責任

民事裁判では、立証責任が常に問題となります。立証責任とは、ある事実が存在するか否かについて、両当事者すなわち原告と被告が主張・立証を尽くしても、その事実の存否について裁判所がどちらとも心証を得ることができない場合に、不利益な事実認定を受ける当事者の地位のことをいいます。つまり、そのような場合に、原告のほうが不利益な事実認定を受けるのであれば、原告に立証責任がある、と表現されます。

立証責任がどちらの当事者にあるかについては、訴訟において問題となる個々の事実ごとに、法律の条文の書き方や、両当事者の公平の観点等から定められ、多くの裁判例の蓄積があります。

受忍限度に関しては、原告側に「被害が受忍限度を超えていること」についての立証責任があるというのが原則です。つまり、「被害が受忍限度を超えている」ということについて、原告側が立証を尽くしても裁判所がそのような心証を得ることができなかった場合には、原告側に不利な判断がされます。すなわち、「被害は受忍限度を超えていない」と認定されます。

ただ、たとえば被害者が一個人で、加害者が大規模な工場を経営する企業であるような場合には、必要な情報へのアクセスの可能性や資力等に大きな差異があって、上記の原則をそのまま貫くのは不公正であると感じられる場合があります。そのような場合に、上記の原則を修正する（たとえば、「事

実上の推定」という概念を用いて、原告に求められる立証のハードルを通常
よりも弱める）裁判例があります。

（3）違法性段階説

　受忍限度に関して注意すべきこととして、違法性段階説があります。

　受忍限度は、差止請求においても損害賠償請求においても問題となること
ですが、この両者では違法性が認められる（すなわち、受忍限度を超えてい
ると認められる）ための要件に差があり、損害賠償請求よりも差止請求のほ
うが、違法性が認められるための要件が厳しい、とするのが違法性段階説で
す。

　この違法性段階説によれば、損害賠償請求よりも差止請求のほうが認めら
れにくくなります。したがって、「損害賠償請求は認められるが差止請求は
認められない」という結論となることがあり得ますが、逆に、「差止請求は
認められるが損害賠償請求は認められない」という結論となることはあり得
ない、ということになります。

　大阪高判平成4（1992）·2·20（判例時報1415号3頁、判例タイム
ズ780号64頁）は、「…差止請求の場合には、損害賠償と異なり、社会経
済活動を直接規制するものであって、その影響するところが大きいのである
から、その受忍限度は、金銭賠償の場合よりもさらに厳格な程度を要求され
ると解するのが相当というべきである。」と、損害賠償請求よりも差止請求
のほうが受忍限度の判断は厳格であるとの趣旨をはっきり述べており、違法
性段階説を採用したものと解されます（ただし、違法性段階説という用語は
用いていません）。

　これに対して、この判決の上告審である最判平成7（1995）·7·7（民集
49巻7号1870頁、判例時報1544号18頁、判例タイムズ892号124
頁）は、「道路等の施設の周辺住民からその供用の差止めが求められた場合
に差止請求を認容すべき違法性があるかどうかを判断するにつき考慮すべき
要素は、周辺住民から損害の賠償が求められた場合に賠償請求を認容すべき
違法性があるかどうかを判断するにつき考慮すべき要素とほぼ共通するので

あるが、施設の供用の差止めと金銭による賠償という請求内容の相違に対応して、違法性の判断において各要素の重要性をどの程度のものとして考慮するかにはおのずから相違があるから、右両場合の違法性の有無の判断に差異が生じることがあっても不合理とはいえない。」と述べました。

この最高裁判決が違法性段階説を採用したのかどうかについては、解釈が分かれています。違法性段階説は、「損害賠償請求よりも差止請求のほうが認められにくい」という考え方であるのに対して、上記最高裁判決の引用した部分は、「損害賠償請求の場合と差止請求の場合では、違法性が認められるかどうかの判断に相違があっても不合理ではない」と述べているだけで、どちらのほうが認められやすいといったことは何も述べていません。したがって、最高裁判決の述べた内容は、違法性段階説そのものとは違うという理解が正確であると思います。

（4）差止請求の問題点…抽象的不作為請求

前述したとおり、騒音等の被害者が差止請求として法律上請求できるのは、音の発生そのものを止めさせるとか、工場等の操業停止あるいは立ち退きといったことではなく、一定のレベル以上の騒音等を被害者の自宅内（あるいは自宅敷地内）に侵入させてはならないということです。

このような請求は、被告に対して具体的な作為（行為）を求めるのではなく、不作為（行為をしないこと）を求めるもので、「抽象的不作為請求」と呼ばれます。「抽象的」不作為請求と呼ばれる理由は、不作為の内容が特定されておらず（たとえば、「被告は、原告宅の敷地内に立ち入ってはならない」という不作為であれば、不作為の内容は特定されています）、求められている内容（「一定のレベル以上の騒音を被害者宅内に侵入させてはならない」）を実現する方法としてさまざまなものがありえ、一義的に定まらないためです。

かつては、このような抽象的不作為請求は、請求の内容が特定されていないので不適法な請求であるという裁判例もありましたが、最高裁は、最判平成5（1993）·2·25（判例時報1456号53頁、判例タイムズ816号

137 頁）において、抽象的不作為請求は請求の特定に欠けるものではなく、適法な請求であると判示しました。そして、今日では、抽象的不作為請求が適法であることは実務上確立しています。

(5) 損害賠償請求の問題点
①将来分の損害賠償請求

　一般に民事裁判において、原告の請求を認めるか否か及び認める場合のその内容の判断時点は、口頭弁論終結時（判決言渡し期日の 1 つ前の期日）です。

　したがって、損害賠償も、口頭弁論の終結した日までの期間についてしか請求できないのが原則ですが、その日の翌日以降の損害を請求できるかという問題があります。これが将来分の損害賠償請求の問題です。

　この問題については、1981 年の大阪国際空港騒音公害訴訟の最高裁判決（最判昭和 56（1981）・12・16（判例時報 1025 号 39 頁、判例タイムズ 455 号 171 頁））によって、将来分の損害賠償請求が認められるための基準が示されましたので、抽象的には認められる可能性はありますが、この基準を適用した結果として、現実問題としては、将来分の損害賠償請求はほとんど認められることはありません。

②認められる慰謝料の金額

　原告（被害者）が勝訴した場合に、認められる損害賠償（慰謝料）の金額としては、10 万円〜 30 万円程度であることが多いです。

③原告が勝訴した場合に認められる弁護士費用

　原告が勝訴した場合には、弁護士費用も被告に対して請求できるのですが（損害の一部として算入されます）、実際にかかった弁護士費用の全額が認められるわけではありません。認められる弁護士費用は、原告に認められる損害賠償額（弁護士費用を除く損害賠償額）の 1 割というのが相場です。したがって、②のとおり、認められる慰謝料の金額が 10 万円〜 30 万円程度

第6章　苦情への対策

であることが普通であることから、認められる弁護士費用も数万円であることが普通です。

④消滅時効

損害賠償請求については、消滅時効の問題があります（差止請求については、被害が存在する限り差止は認められますので、消滅時効の問題は生じません）。

本書で扱っている騒音等の感覚公害は、被害が1回限り発生する不法行為（典型的なのは交通事故です）とは異なり、被害が継続的に発生するいわゆる継続的不法行為です。

このような継続的不法行為に関する損害賠償請求権の消滅時効については、不法行為は日々新たに成立しており、それに応じて消滅時効も日々別個に進行するとされます。したがって、被害者（またはその法定代理人。以下同じ）が損害及び加害者を知った時までの損害についての消滅時効はその翌日から一括して進行を開始し、被害者が損害及び加害者を知った日の翌日からの損害についての時効は1日ごとに進行を開始します。

また、不法行為についての消滅時効の期間は、①被害者が損害及び加害者を知ったときから3年、②不法行為のときから20年です（民法724条）。ただし、人の生命や身体を害する不法行為については、①の3年は5年となります。

115

2 苦情者がとりうる公的手続

　話し合いでは問題が解決できない場合に、苦情者がとりうる手段としては、次のようにいろいろなものが考えられます。

(1) 本案訴訟

　本案訴訟とは、「裁判」として想起される、通常の民事裁判のことです。

(2) 仮処分

　本案訴訟の提訴から終結（1審の判決）までには、平均して半年から1年くらいかかります。1審判決に対して控訴されれば、さらに時間がかかります。

　このように、本案訴訟の終結までには長い期間がかかりますので、それを待っていたのでは原告（訴える側）に回復しがたい被害（あるいは不利益）が生じるおそれがある場合に、簡易・迅速な手続で、訴える側の権利の仮の実現を認める手続が仮処分です。

　「仮処分」という名前のとおり、仮処分が出された（認容された）後に、本案訴訟によって権利義務関係が確定されることが予定されています。ただし、仮処分手続においても和解で終結することはよくあります。むしろ、仮処分を獲得することではなく話し合いの場を設けるための手段として、仮処分という手続が選択されることもよくあります。

　なお、仮処分が出されることになった場合には、仮処分を求めた側の当事者（債権者と呼ばれます）は、個々の事件で裁判所が定めた金額の供託金を法務局で納める必要があります（納めないと、裁判所の仮処分決定が出されません）。

(3) 裁判所の調停

　調停とは話し合い手続きのことですが、裁判所の調停には、①始めから調停として申し立てられる場合と、②本案訴訟から調停に移行する場合とがあ

116

ります。①は簡易裁判所、②は通常は地方裁判所で行われます。

　②については、調停に移行するかどうかは裁判所が決めます。当事者が調停にしてほしいと希望することは可能ですし、希望しなくても裁判所は調停に移行することについて両当事者に意見を聞くことが多いと思いますが、調停にするかどうかは裁判所の判断事項ですので、必ず調停になるという保証はありません。

　①の場合には、話し合いがまとまらなければ手続が打ち切られますが、②の場合には、話し合いがまとまらなければ本案訴訟の手続に戻り、判決が出されます。

（4）都道府県公害審査会等の調停

　公害紛争処理法に基づく調停（話し合い）の手続です。都道府県公害審査会「等」と呼ばれるのは、都道府県公害審査会はすべての都道府県に置かれているわけではないからです。

　公害審査会が置かれていない都道府県では、都道府県知事が公害審査委員候補者の名簿を作成し、調停が申し立てられるごとに、その名簿の中から知事が調停委員を指名します。

　公害審査会は、公害紛争に特化した機関であり、その委員あるいは公害審査委員候補者には、騒音や振動、悪臭等の個々の分野に詳しい学識経験者が任命されているのが通常です。

　したがって、専門的な知識に基づいて手続を進めてもらうことができますし、現地調査をしてもらえることも多いです（裁判所の手続では、現地調査をしてもらえることはあまり期待できません）。

　なお、第1章で述べたとおり、公害紛争処理法が対象とするのは環境基本法上の公害（典型7公害）であり、典型7公害に該当する公害であって、「相当範囲にわたる」という要件を満たさないと、都道府県公害審査会等の調停を申請することはできません。

　調停が成立しなければ、手続は打ち切られます。

(5) 公害等調整委員会の責任裁定・原因裁定

　国の機関（総務省の外局）である公害等調整委員会において、裁判（本案訴訟）に類似した方式で公害に関する判断（責任裁定または原因裁定。裁判における判決に該当します）を下すための手続です。

　(4) の都道府県公害審査会等と同じく、公害紛争処理法に基づく手続であり、典型 7 公害に該当する相当範囲にわたる被害でなければならないという要件があることも同じです。ただ、公害等調整委員会は、この要件を比較的緩やかに解しており、たとえば「相当範囲にわたる」とは、現時点で相当範囲にわたっていなくても、潜在的（将来的）にその可能性があるとされれば足りると解釈されるのが一般です。また、低周波音は騒音の一種として典型 7 公害に含まれるという解釈が確立しています。

　責任裁定は、公害に係る被害について、損害賠償責任の存否及び賠償すべき損害額を判断する手続であり（公害紛争処理法 42 条の 12 第 1 項）、原因裁定は、公害に係る被害についての紛争において、当事者の一方の行為によって被害が生じたか否か（因果関係）について判断する手続です（同法 42 条の 27 第 1 項）。

　責任裁定は被害者（損害賠償を請求する側）からしか申請できませんが、原因裁定は被害者側だけでなく加害者側からも申請することができます。

　公害等調整委員会は、都道府県公害審査会と同様に公害紛争に特化した行政機関であり、問題となっている分野についての専門家が「専門委員」として関与することが通常です。また、専門業者（ときには公害等調整委員会の事務局）により、騒音等の測定を行ってもらえることが多いという点も特色です（都道府県公害審査会等の場合には、一般的には専門業者による測定は行われません）。

　責任裁定も原因裁定も、被害者が求めうる請求の内容としては、騒音等の被害をなくすための対策を求めることはできませんが、公害等調整委員会の職権で調停（話し合い解決）に付されることがあり、調停であれば、被害をなくすための対策について話し合うことも可能です。当事者（責任裁定や原因裁定を申請する被害者）も、裁定を出してもらうことではなく、調停によっ

第6章　苦情への対策

て被害をなくす対策をとってもらうことを期待して、責任裁定や原因裁定を申請することがしばしばあります。

　調停が成立しない場合には、手続が打ち切られるということはなく、責任裁定または原因裁定として、公害等調整委員会の判断が示されます。

（6）ADR（裁判外紛争解決手続）、特に弁護士会の紛争解決センターの手続

　ADR（裁判外紛争解決手続）とは、民間の機関が設置している、紛争を話し合いによって解決するための手続です。ADRについては国の認証制度があります。

　公害紛争においてよく利用されるのは、各地の弁護士会に設けられた手続です。名称は弁護士会によってさまざまですが、日本弁護士連合会の公式サイト[29]を見ますと、一般的な名称として「紛争解決センター」という用語が用いられています。すべての弁護士会に設けられているわけではなく、上記サイトによれば、2023年3月現在、全国で39センター（36弁護士会）に設置されています。

　この紛争解決センターは、当該弁護士会に所属する弁護士が話し合いの仲介をするもので、必ずしも専門的な知識を持った弁護士に担当してもらえるとは限りません。しかし、上記の都道府県公害審査会等や公害等調整委員会とは異なる利点として、非常に機動性・柔軟性の高い手続であるという点が挙げられます。極端にいえば、担当する弁護士さえ了解してくれれば、何でもできます。たとえば、すぐに現地を見に来てもらうとか、短期間にどんどん期日を開催して話し合いを進めるとかいったことです。

　このようないろいろな手続がある中で、その手続の選択は基本的には被害者側が行うもので、公害の加害者側としては、被害者から申し立てられた手続を受ける立場であり、手続を選択するということはあまりないと思われま

29　日本弁護士連合会ウェブサイト
　　https://www.nichibenren.or.jp/legal_advice/search/other/conflict.html

す（加害者側が手続を申し立てる場合のことは本章の最後（127頁）に述べます）。

　しかし、受け身の立場であっても、上記のような各手続を知っておけば、申し立てられた際に慌てなくてすむでしょうし、それぞれの特色や利点・欠点を知っておくことは、その手続を行うにあたって大いに役立つと思われます。

第6章　苦情への対策

3　苦情への事前の対策

　騒音等についての苦情を受けないようにするための事前対策として、どのようなことが考えられるでしょうか。

(1) 法令の遵守

　当然のことではありますが、事業活動を行うに当たっては、関連法規を遵守すべきです。

　ここにいう関連法規としては、騒音規制法・振動規制法・悪臭防止法や、騒音等を規制する条例等による規制値を超えないようにすることがありますが、それらの法律による届出義務を守ることも必要です。

　また、建築基準法上の建物の構造等に関する規制や、都市計画法上の建物の立地に関する規制等もあります。さらに、各業種における業法も遵守しなければなりません。

(2) 周辺住民への事前の説明

　騒音等で近隣に影響を生じさせる可能性のある施設（工場・事業所、幼稚園、マンション等）を建設する場合に、事前に近隣住民向けの説明会を開催して、近隣住民に対して情報を公開し、工事中あるいは完成後の状態について、説明したり質問に答えたりする場を設けることが重要です。これは、法律上義務づけられているものではないようですが、近隣住民の意見を聞き、紛争を事前に防止したり、紛争を早期の段階で終結させたりする効果が期待できます。

　また、仮に裁判等の公的手続になった場合に、このような説明会を開いたことは、前述した受忍限度の判断に当たり、誠意ある対応をしたという事実の１つとして、受忍限度を超えていないという方向に考慮される可能性があります。

121

（3） 苦情への対応体制の確立

　これは苦情そのものを防ぐということではありませんが、社内において、近隣からの苦情に対応するための体制を確立しておくということも重要です。

　具体的には、苦情を受け付けて対応する部署（必ずしも専任の部署である必要はありません）を設置し、社内のどの部門でも、苦情を受けたらまずその苦情対応部署に情報を伝えることにし、その部署が苦情に関する情報を一元的に管理し、また社内の関連部署あるいは社外の顧問弁護士等と連絡をとって、とるべき方針を検討して決定し、責任を持ってその方針を自ら実施し、あるいは適切な部署に実施させる、といったことです。

第6章　苦情への対策

4　苦情を受けたら（公的手続を提起された場合も含む）

（1）基本的な方針

　ここからは、事前準備の段階ではなく、実際に苦情を受けた場合の望まし
い対応について述べていきます。

　まず、基本的な方針として望ましいのは、

　　　第1：その苦情の内容や証拠について、厳しい目で検討し、反論できる
　　　　　　ことはきちんと反論する

　　　第2：その苦情に正当な理由がある場合には、真摯に対応し、苦情者の
　　　　　　被害を除去するための対応をとる

という態度です。

（2）苦情の内容をよく検討し、反論すべきことは反論する

　苦情の内容についてよく検討し、苦情者の主張に問題があれば、具体的な
根拠を示して、冷静かつ丁寧に主張すべきです。

　しばしば、苦情者が感情的になっていることがありますが、そうだからと
いってこちらも感情的になってしまってはいけません。あくまでも、客観的
な根拠に基づいて冷静に主張すべきです。

　具体的にどのような点を検討すべきかは、公害の種類や苦情者の主張内容
に応じてさまざまですが、ほとんどの事案に共通して最低限行うべきことと
して、以下のことが挙げられます。

ア　騒音等、苦情者が主張している被害の原因についての客観的な証拠を求
　　める。

　　　被害の原因について苦情者が思い違いをしていることもありますし（た
　　とえば、既に述べたとおり（64頁、79頁）、振動の被害が主張されてい
　　ても、実際には低周波音の被害である場合がありますし、低周波音の被害
　　が主張されていても、実際には苦情者の耳鳴りが原因である場合がありま

123

す）、被害の原因についての客観的な証拠がなければ、加害者側としては、苦情内容にどの程度の正当性があるのか、また被害解消のためにどのような対策をとるべきかを検討することが困難です。

イ 騒音、低周波音あるいは振動の測定結果が提出されているときは、それが検定に合格しており、検定の有効期間中の機器で測定されたものかを検討する。

これは計量法で定められている条件ですので（35頁、62頁、76頁）、この条件を満たしていない測定結果を受け入れる必要はありません。

ウ 苦情者の体調不良の原因がその騒音等であること（因果関係）の根拠を検討する。

この点については100％の根拠を求めるのは苦情者に対して酷ではありますが、少なくとも、苦情者がどのような根拠で因果関係があると考えているのかは確認すべきです。

エ 被害者の被害内容についての客観的な証拠（医師の診断書等）を求める。

これも、常にこのような証拠を求めるのは苦情者に対して酷な面がありますが、可能であればこのような証拠を出してもらうべきです。

（3）苦情者の主張が正当である場合には、誠意をもって対応する

苦情者の主張を検討した結果、その主張が正当であると思われる場合には、誠意をもって、苦情者の被害を解消すべく努力すべきです。

これは何も苦情者のためではなく、加害者自身のためであり、具体的には、以下の理由からです。

ア 前述したとおり（110頁）、受忍限度を超えているかどうかの判断にあたっては、各当事者の態度が考慮されます。したがって、将来裁判等の公的手続に移行した場合のことを考えれば、苦情を受けた当初から誠意をもって対応することが望ましいといえます。

イ 現代社会においては、SNS等の手段で、苦情者が広く社会に対して情報を発信することが可能です。したがって、加害者が誠意のない対応をす

第6章　苦情への対策

ると、そのことが社会一般に伝わり、加害者である企業の悪い評価につながることがあります。

ウ　今受けている苦情を真摯に検討し、対応することが、次の苦情の発生を防止することにつながります。

　苦情者の被害を解消するための改善措置をとる場合には、一方的に実行して後は知らん顔、というのではなく、実施前にはその改善措置の内容について苦情者に説明して理解・了解を求め、実施後にはその改善措置によってどの程度の効果が得られたかについて、測定をするなどして検証することが重要です。そのことによって、問題（苦情）の解消可能性が高まりますし、仮に苦情者の被害を完全に解消することができなかったとしても、誠意をもって苦情に対応したという1つの実績になります。

（4）苦情者から公的手続を起こされたら

　話し合いで解決できず、苦情者側から訴訟等の公的手続を提起されることもあるでしょうが、公的手続を恐れる必要はありません。むしろ、公正な第三者に間に入ってもらって話し合いができる、あるいは苦情の正当性について公正な第三者の判断を求めることができるという点を前向きにとらえるべきです。

　したがって、苦情者から「公的手続をとります」と通告された場合に、慌てて譲歩する必要はなく、むしろ、その公的手続に備えるほうが一般的には妥当であるといえます。

　ところで、公的手続を提起された場合に、弁護士を依頼して代理人になってもらうべきかどうか、悩むこともあると思います。

　この点について一般的には、裁判所の仮処分または本案訴訟、あるいは公害等調整委員会の責任裁定や原因裁定については、弁護士を依頼したほうがよいでしょう。これらは、裁判所の裁判あるいはそれに準じた手続であってかなり専門性が高く、とりわけ、一般の人にはなじみの薄い「要件事実論」という枠組みで議論が進むことが多いためです。

125

これに対して、裁判所の調停や、都道府県公害審査会等の調停、弁護士会の紛争解決センターの手続は、純然たる話し合い手続きであり、裁判所の訴訟や公害等調整委員会の裁定のような専門的・厳格な手続に則って行われるわけではないので、必ずしも弁護士を代理人として立てる必要はないと思います。

　もちろん、これらの手続であっても、弁護士を依頼することは何ら問題ありません。特に、公害問題について知識・経験の豊富な弁護士に依頼することが可能であれば、弁護士に依頼したほうがよいでしょう。

第6章　苦情への対策

5　加害者側からとりうる公的手続

　最後に、加害者側から公的手続をとることについて述べます。

　そもそも、加害者側から公的手続をとる必要があるのか、と疑問に思われるかもしれません。「当社は苦情を言われる側なのだから、公的手続が必要なら苦情者側から申し立ててくるだろう。当社はそれを待っていればいい」という考えも一理あります。

　けれども、苦情者の主張が合理的でないと思われる場合や、苦情者が冷静さを欠いている場合、あるいは専門的な機関による調査（測定等）が望ましいと思われる場合等には、加害者側から公的手続をとることを検討してもよいと思います。そのことによって、中立な第三者に関与してもらって冷静な話し合いができたり、苦情者の主張の不合理さを指摘してもらったり、さらには調査（測定）によって苦情者の被害を客観化することができたりして、話し合いが進展することが期待できます。また、そもそも苦情者の主張に客観的な裏付けがないことが明らかになることもあり得ます。

　それでは、具体的にどのような公的手続をとればよいかということですが、まず、専門的な機関による調査（測定等）をすることが望ましいと思われる場合には、公害等調整委員会の原因裁定が適切です。

　前述したとおり（118頁）、加害者側（苦情を受けている側）から原因裁定を申し立てることができることについては、明文の規定があります。

　公害等調整委員会は、公害紛争に特化し、非常に専門性が高い機関であり、公害等調整委員会の事務局により、あるいは専門の業者に依頼して、調査（測定等）を行ってくれる場合が多いので、専門的な測定（調査）をしてほしいときには、公害等調整委員会の原因裁定を申請すべきです。

　なお、都道府県公害審査会等も公害紛争に特化した機関ですが、経験の豊富さあるいは専門性の度合いといった点からみて、専門的な調査をしてほしい場合には公害等調整委員会を選択したほうがよいと思います。

　次に、専門的な調査（測定）を希望するというよりは、中立な第三者に関与してもらって話し合いをしたいという場合には、都道府県公害審査会等の

127

調停及び弁護士会の紛争解決センターが候補になります（調停について加害者側から申し立てることができることについては公害紛争処理法28条1項、弁護士会の紛争解決センターの手続を加害者側から申し立てることができることについては日本弁護士連合会の「紛争解決センターQ&A」[30] に明記されています）。

　前述したとおり（117頁、119頁）、都道府県公害審査会等の調停は、ほぼ確実に当該分野の専門家が関与してくれるというメリットがあり、他方、弁護士会の紛争解決センターの手続は非常に柔軟性・機動性が高いというメリットがありますので、これらを考慮して、どちらを選択するかを決めればよいでしょう。

　では裁判所の手続はどうかというと、まず仮処分については、「本案訴訟の終結を待っていたのでは回復しがたい損害が生ずるおそれがあるので、本案訴訟に比べて簡易・迅速な審理により、仮の救済を求める」という手続の性質から、これを加害者側から申し立てるということは考えられません。加害者は損害を受ける立場ではないからです。

　次に、本案訴訟については、「確認の訴え」という訴訟の類型がありますので、理論的には加害者側から本案訴訟を提起することは可能ですし（たとえば、「原告（加害者）は被告（被害者）に対して損害賠償義務がないことを確認する」ことを求めて加害者側が提訴するということが考えられます）、本案訴訟でも裁判所は一度は和解によって解決することを試みるでしょうから、話し合いのきっかけを作るという意味で、本案訴訟を提起するという方針はありえなくはありません。

　しかし、現実には、以下の理由から、加害者側から本案訴訟を提起するということは適切ではなく、とるべきではない方針だといえます。

ア　裁判所は、公害分野について専門的な知識・経験を有していない。

イ　担当する裁判官の考え方にもよるが、一般に、裁判所は公害等調整委員

30　日本弁護士連合会ウェブサイト「紛争解決センターQ&A」
　　https://www.nichibenren.or.jp/legal_advice/search/other/conflict/houritu10.html

会ほどは話し合い（和解）による解決について熱意がない。

ウ　訴訟の場合、原告側が立証責任を負うのが原則なので、たとえば加害者側が上記の「原告（加害者）は被告（被害者）に対して損害賠償義務がないことを確認する」という確認の訴えを起こした場合には、原告（加害者）が、「自分（原告＝加害者）は被告（被害者）に対して損害賠償義務はない」ことを立証しなければならず、これは容易ではない（裁判所は、和解での解決を考えるにしても、和解の話し合いを始める前の段階で、上記のような原告が立証すべき事実についての主張・立証をするよう求めるのが通常です）。

　　また、裁判所の調停については、都道府県公害審査会等や弁護士会の紛争解決センターのそれぞれの利点（当該分野の専門家が関与してくれる、あるいは手続の柔軟性・機動性が高い）のどちらもありませんので、この手続を選択すべきではありません。

チェックリストで確認

第6章のポイント

□被害者が主張できるのは、差止請求と損害賠償請求である。

□被害者の主張（請求）が法律上認められるためには、被害者の被っている被害が「受忍限度」を超えていることを要する。

□受忍限度は、画一的な基準があるわけではなく、さまざまな事情を考慮して総合的な見地から判断されるものであり、それは最終的には裁判所しか判断できない。

□受忍限度の判断にあたっては、各当事者がその紛争を解決するためにどの程度真摯に努力したかが考慮される。

□被害者がとりうる公的手続としては、裁判所の本案訴訟や仮処分、調停の他、公害紛争処理法に基づく手続（都道府県公害審査会等の調停、公害等調整委員会の責任裁定や原因裁定）や各地の弁護士会の紛争解決センター等があり、それぞれ特色や利点・欠点がある。

□苦情への事前の対策として、法令遵守、近隣住民への説明、苦情受付窓口の一元化といったことが考えられる。

□苦情を受けた場合（公的手続も含む）には、①苦情内容をよく検討し、反論できることはきちんと反論する、②苦情に正当な理由がある場合には、真摯に対応し、苦情者の被害を除去するための対応をとる、という方針が望ましい。

□加害者側から公的手続をとることが必要あるいは有用である場合もある。その場合、具体的な手段としては、公害等調整委員会の原因裁定、都道府県公害審査会等の調停、弁護士会の紛争解決センターでの話し合いが考えられる。

第6章　苦情への対策

【コラムー判例・裁判例】

　判例あるいは裁判例は、裁判等になった場合だけでなく、話し合いの場でも考慮する必要があります。以下、判例あるいは裁判例についての知識を書きます。

（1）「判例」と「裁判例」

　通常、「判例」は最高裁判所（以下「最高裁」と略します）の裁判のみを指し、下級裁判所（高等裁判所、地方裁判所、簡易裁判所）の裁判のことは「裁判例」と呼びます。

（2）判例・裁判例の表現方法

　①裁判所の略称、②判決か決定か、③判決または決定が出された年月日、④その判例あるいは裁判例が登載されている公刊物の該当する巻の番号とページ番号、という順序で記述します。

①裁判所の略称は、最高裁は「最」、高等裁判所、地方裁判所及び簡易裁判所はそれぞれ「○○高」、「○○地」、「○○簡」です（「○○」は地名）。

　支部を持つ高等裁判所や地方裁判所がありますので、支部の裁判例については、「○○高○○支」（高等裁判所の支部の場合）あるいは「○○地○○支」（地方裁判所の支部の場合）と書きます。

②裁判所の裁判には判決と決定がありますが、判決は「判」、決定は「決」と、一文字で示します。

③判決または決定が出された年月日は、和暦で示すことが慣行です。本書では西暦をカッコ書きで併記しています。これはあまり一般的な方式ではありませんが、西暦を示したほうが「今から何年前の判例（または裁判例）か」がわかりやすいことから、このような書き方をしています。

　なお、「令和」「平成」等と2文字で示すかそれとも「令」「平」

131

等と1文字で示すか、あるいは年月日を中黒とドットのどちらで示すか（たとえば「6年2月1日」を「6・2・1」と「6.2.1」のどちらにするか）は決まっているわけではなく、人によって違います。

④公刊物として多いのは判例時報（略称「判時」）と判例タイムズ（略称「判タ」）ですが（正式名称で示すか略称で示すかについても、決まっているわけではなく、人によって違います）、その他にも、特定の分野に限定した判例雑誌等があります。

　また、最高裁の判例については、民事裁判の場合「民集」（正式名称は「最高裁判所民事判例集」）という公式の判例集があります（すべての最高裁の判例がこれに登載されているわけではありません）。

　公刊物に登載されていない裁判例もあり、その場合には「公刊物不登載」と書きます。

　公刊物不登載の裁判例としては、裁判所ウェブサイトの裁判例検索ページ（https://www.courts.go.jp/app/hanrei_jp/search1）に載っているものと、民間の判例データベース（多数あります）に載っているものとがあります。公刊物に登載されているか否かによって、裁判例としての重要度や影響力が異なるということはありません。

　なお、公害等調整委員会の裁定はすべて同委員会のウェブサイトに登載されています（https://www.soumu.go.jp/kouchoi/activity/syuuketsukougai.html）。

索　引

■アルファベット

〔A〕

ADR（裁判外紛争解決手続）……… 119

A特性 ………………………… 42,44

A特性音圧レベル ……………… 31,60

〔F〕

FAST ………………………… 34,44

〔G〕

G特性音圧レベル …………………… 60

〔I〕

ISO389-7 …………………………… 61

〔J〕

JIS B 0153（機械振動・衝撃用語）
……………………………………… 70

JIS Z 8106（音響用語） …………… 30

JIS Z 8731（環境騒音の表示・測定方法） …………… 30,36,42,44

〔S〕

SLOW …………………………… 34

■五十音

〔あ〕

アスベスト（石綿）………………… 12

〔い〕

一般財団法人日本品質保証機構
……………………………………… 35,76

一般廃棄物 ………………………… 11

移動音源 …………………………… 62

移動発生源 ………………………… 62

違法性段階説 ……………………… 112

〔え〕

エコウィル ……………………… 53,61

エコキュート …………………… 52,53,64

エコジョーズ ……………………… 53

エコワン ………………………… 53

エネファーム …………………… 53,61,64

〔お〕

屋内指針 ………………………… 34,41

音圧実効値 ……………………… 29,75

音波 ………………………………… 26

〔か〕

香害 ……………………………… 14

化学物質過敏症 …………………… 13

過失責任主義 ……………………… 6

加速度 …………………………… 72,73,74

133

可聴域の低周波音……………………… 50

仮処分…………………… 116,125,128

感覚閾値……………… 56,61,63,64

感覚公害………………… 15,17,21

環境確保条例………………………46,85

環境基準………… 39,41,56,82,110

環境基本法……………………… 2,82

〔き〕

機器分析法………………………… 96

規制基準

　………… 39,43,56,61,83,100,110

嗅覚測定法………………………96,98

90%レンジの上端値 …………33,84

〔く〕

空気伝搬音……………………… 26

〔け〕

景観………………………………… 12

継続的不法行為……………………115

計量法16条1項………………35,76

計量法71条 ………… 35,42,44,84

原因裁定……………… 4,118,125,127

検知閾値濃度……………………… 95

〔こ〕

公害等調整委員会……………………127

公害紛争処理法………………………… 4

公法上の基準………………………39,56

固体伝搬音……………………… 26

固定発生源……………………… 62

〔さ〕

最小可聴値………………………72,75

最大可聴値………………………… 33

差止請求…………………… 108,112

産業廃棄物………………………… 11

参照値………… 56,59,60,61,63,64

三点比較式臭袋法…………………101

1/3オクターブバンド …………56,59

〔し〕

時間重み付け特性………………… 34

時間率騒音レベル…………33,42

臭気強度………………………… 95

臭気指数………… 95,96,101

臭気指数規制………94,96,98,101,102

臭気濃度………………… 95,101

重低音………………………… 50

周波数………………………… 27

受忍限度…………111,112,121,124

受忍限度論…………………………108

純音………………………… 27

消費者安全法第23条第1項の規定に基づ

　く事故等原因調査報告書………… 60

消費者庁………………… 60,61,63,64

消滅時効…………………………115

将来分の損害賠償請求……………114

新型コロナ禍……………………… 22

振動音………………………… 50

振動加速度レベル………………… 74

振動感覚閾値………………… 80

振動計………… 76,79,103

134

索　引

振動レベル………………………………　75

〔す〕

水中伝搬音………………………………　26

〔せ〕

責任裁定…………………　4,118,125

〔そ〕

騒音計………………………………………103
騒音の定義………………………………　30
騒音レベル……………………………31,60
損害賠償請求……………　108,112,115
損害賠償責任……………………………118

〔た〕

体感調査…………………………………63,64
対数………………………………………　29

〔ち〕

抽象的不作為請求……………　113,114
調停………………　116,118,126,128
超低周波音………………………………28,50
眺望………………………………………　12

〔て〕

低周波音問題対応の手引書…………　56
手引書……………………………………63,64
典型7公害 ………　3,21,22,117,118
電磁波……………………………………　12

〔と〕

等価騒音レベル…………………………　33
道路に面する地域………………………　40
特定悪臭物質……………………　16,94,99
特定建設作業……………………………　45
特定工場等……………………………43,83
特定施設………………………………43,82
都道府県公害審査会…………………127

〔に〕

日照………………………………………　11
認知閾値濃度……………………………　95

〔は〕

媒質………………………………………　26
パスカル…………………………………　29

〔ひ〕

光害………………………………………　13
非放射性廃棄物…………………………　11

〔ふ〕

不快なにおい……………………………90,92
物質濃度規制………94,96,98,101,102
紛争解決センター……………　126,128

〔へ〕

弁護士費用………………………………114

〔ほ〕

放射性廃棄物……………………………　11

135

ホン…………………………………… 32

本案訴訟………………… 116,125,128

〔み〕

耳鳴り…………………………… 64,123

〔む〕

無過失損害賠償責任………………… 6,8

〔り〕

立証責任…………………………… 111

著者紹介

村頭　秀人（むらかみ・ひでと）

2000 年 10 月	弁護士登録（第 53 期、東京弁護士会）
2001 年 4 月～現在まで	東京弁護士会公害・環境特別委員会委員
2005 年 4 月～ 2009 年 3 月	同委員会副委員長
2009 年 4 月～ 2012 年 3 月	同委員会委員長
2010 年 4 月～ 2011 年 3 月	東京三弁護士会環境保全協議会議長
2013 年 4 月～ 2015 年 3 月	東京都環境審議会委員
2019 年 4 月～現在まで	東京都公害審査会委員
2022 年 4 月～現在まで	同審査会会長

（著書）

『騒音・低周波音・振動の紛争解決ガイドブック』（慧文社、2011 年）

『解説 悪臭防止法（上）（下）』（慧文社、2017 年）

（論文・解説記事）

・「弁護士の立場からの騒音問題解決のための取組み」（公益社団法人日本騒音制御工学会「騒音制御」Vol.38.No.3（2014）、172 頁）

・「子供の声等に関する東京都の環境確保条例の見直し案について」（公益社団法人日本騒音制御工学会「騒音制御」Vol.39.No.3（2015）、66 頁）

・「マンションの上下階の居住者間における騒音紛争－東京地判平成 24・3・15 判時 2155 号 71 頁の評釈－」（一般社団法人日本マンション学会「マンション学」50 号（2015）、86 頁）

・「マンションの上下階の居住者間における騒音紛争（2）－東京地判平成 26・3・25 判時 2250 号 36 頁の評釈－」（一般社団法人日本マンション学会「マンション学」55 号（2016）、96 頁）

サービス・インフォメーション
━━ 通話無料 ━━

①商品に関するご照会・お申込みのご依頼
　　　　　　TEL 0120 (203) 694／FAX 0120 (302) 640
②ご住所・ご名義等各種変更のご連絡
　　　　　　TEL 0120 (203) 696／FAX 0120 (202) 974
③請求・お支払いに関するご照会・ご要望
　　　　　　TEL 0120 (203) 695／FAX 0120 (202) 973

●フリーダイヤル（TEL）の受付時間は、土・日・祝日を除く
　9:00〜17:30です。
●FAXは24時間受け付けておりますので、あわせてご利用ください。

はじめての人でもよく解る！
やさしく学べる騒音・振動・悪臭規制の法律

2024年12月10日　初版発行

著　者　村　頭　秀　人
発行者　田　中　英　弥
発行所　第一法規株式会社
　　　　〒107-8560　東京都港区南青山2-11-17
　　　　ホームページ　https://www.daiichihoki.co.jp/

やさしく騒音　ISBN978-4-474-09554-0　C2051　(7)